高等职业教育电子与信息大类"十四五"系列教材

智能硬件
设计与维护

主　编 ◎ 方　武　曹振华

副主编 ◎ 郭继伟　李文娟　李慧姝　杨佳奇

U0278574

电子课件

华中科技大学出版社
http://press.hust.edu.cn
中国·武汉

图书在版编目(CIP)数据

智能硬件设计与维护 / 方武,曹振华主编 . —武汉:华中科技大学出版社,2023.8
ISBN 978-7-5680-9388-0

Ⅰ.①智⋯ Ⅱ.①方⋯②曹⋯ Ⅲ.①硬件—设计②硬件—维修 Ⅳ.① TP303

中国国家版本馆 CIP 数据核字(2023)第 148489 号

智能硬件设计与维护
Zhineng Yingjian Sheji yu Weihu

方武　曹振华　主编

策划编辑:康　序
责任编辑:狄宝珠
封面设计:孢　子
责任监印:朱　玢
出版发行:华中科技大学出版社(中国·武汉)　　　电话:(027)81321913
　　　　　武汉市东湖新技术开发区华工科技园　　　邮编:430223
录　　排:武汉创易图文工作室
印　　刷:武汉科源印刷设计有限公司
开　　本:787 mm × 1092 mm　1/16
印　　张:13
字　　数:336 千字
版　　次:2023 年 8 月第 1 版第 1 次印刷
定　　价:55.00 元

方武,博士,副教授,毕业于中国地质大学(武汉),专注于嵌入式系统、智能硬件、人工智能及计算机视觉方面的技术应用研究。主持省级科研项目2项,市厅级科研项目3项,横向课题6项。发表相关论文20余篇;获得授权发明专利6项,新型实用专利5项,软件著作权6项。

曹振华,硕士研究生,毕业于苏州大学嵌入式应用技术专业,工作以来专注于物联网技术的研究、应用及产品开发,担任物联网应用技术专业教研室主任。积极投身到研发一线工作,教学之余,经学校备案批准担任昆山信德佳电气科技有限公司副总经理兼技术总监、江苏应时达电气科技有限公司总经理,先后设计、研发智能硬件产品或装备二十余套,如国家电网不停电作业中心安全工器具全自动库房精细化管理系统、智能钥匙管理系统、智慧档案馆、警用装备管理系统、枪支弹药管理系统、立体仓库、劳动工具管理系统、大型库房管理系统等,取得发明专利、实用新型及软件著作权三十余项,年社会效益达数千万元,具有丰富的智能硬件设计、开发、运维及教学经验。

随着电子技术的迅猛发展,智能硬件产品遍布社会的各个角落,从军用电子智能硬件、工业智能硬件到民用智能硬件,各类产品层出不穷,比如婴儿智能摇篮、智能玩具,成人智能手环、遥控车、无人机,老年人智能血压计、智能看护仪等。可以说只要有人的地方,就有智能硬件产品的存在,智能硬件在为人们的生活带来方便的同时,也提高了人们的生活舒适度,智能硬件逐渐被大众接纳,走进了老百姓的生活中。

智能硬件在智慧安防、慧能源管控、智慧教室智慧宿舍等智慧校园场景的具体应用,为"智能硬件设计与维护"课程提供了丰富的教学案例和实训场景。《智能硬件设计与维护》课程以智慧校园和相关行业内具体智慧化场景的智能硬件的设计方法、设计过程及维修维护技巧为主要内容,以智能硬件在智慧校园、智能家居、智能建筑等领域的真实案例丰富施教进程,并在施教过程中,促进读者动手实践,培育大国工匠精神。课程以智慧校园能源管控系统中用到的触摸灯控开关系统、远程控制断路器系统及读卡计费系统为主要载体,适当降低难度并确保实践教学安全性后形成教学案例,以智慧宿舍内的相似实例为案例,举一反三,以生活中的一些小智能硬件为触类旁通案例,让同学们反复设计、练习,从被动设计实践到熟能生巧,逐渐形成动手实践能力和迁移能力,达到学科规定的相关行业企业首岗能力目标。

本书的主编由方武和曹振华两位老师担任,郭继伟、李文娟、李慧姝、杨佳奇为副主编。

本书的主要特点如下:

(1)以智能硬件在智慧校园、智能家居、智能建筑等真实场景应用为基础,接地气,易实践。

(2)以纯国产立创 EDA 软件为设计工具,简单易用,并且具有丰富的线上共享资源库,支持国产,拒绝卡脖子。

(3)知识点全面且有机结合,打通"电路基础""计算机辅助设计""单片机原理""C 语言程序设计""C# 软件设计"等课程,按需讲解知识点、够用即止,培养读者自主查找资料并应用于实际开发实践的能力,避免了读者陷入学一门课忘一门课、理论深度太深无法掌握、学不能致用等尴尬境地。

(4)设计与维护有机结合,以设计促维护,实现智能硬件设计能力与系统维护能力的有机统一,相辅相成,设计过程中学习维护技巧,维护过程中促进设计细节的思考和系统改善策略的形成,培育大国工匠精神。

(5)重实践但不轻视理论,在实践中穿插理论教学,在理论教学中提高实践方法和思维能力。课程配备焊台、风枪、万用表等基础工具,并为读者提供电子元器件支持,让同学们有亲自动手设计、制作、调试智能硬件的机会,鼓励优秀作品参加各类挑战杯比赛。

(6)全流程按企业开发步骤展开,教学即是实战,从设计、制版、采购、贴片、维修到软件开发、调试等,开发难度适当降低,但工艺技能点面面俱到。

本教程的编写得到了深圳市嘉立创电子服务有限公司杨林杰、贺定球、吴波等工程师的大力支持,嘉立创 PCB 打样平台为读者定期提供免费打样机会,减轻读者的经济压力;信息技术学院物联网应用技术专业卢爱红、冯蓉珍、李文娟、杨佳奇等多位博士在视频录制、教学案例梳理等方面提供支持,冯蓉珍等老师在教材统稿方面提供了大力支持,在此一并感谢。

为了方便教学,本书还配有电子课件等资料,任课老师可以发邮件至hustpeiit@163.com 索取。

方武

2023 年 7 月

目录

CONTENTS

课程背景

　　智慧能源管控系统为智慧校园、智能家居、智能建筑等场景的重要组成部分,智慧校园物联网场景下智慧能控包括智慧宿舍、智慧教室、校园安防、一卡通、公共区域等应用场景中的能耗管控,如图0-1所示。

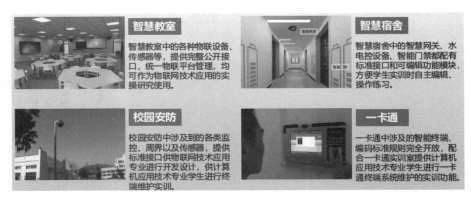

图0-1　智慧校园典型实训平台

任务0-1　智慧物联网场景下的专业建设

　　物联网应用技术专业的典型首岗为物联网维护工程师,首岗能力为物联网设备的维护维修能力,建立了"懂原理、会设计、肯思考、善维护、能维修"的具体能力目标,并在这一目标的基础上,将物联网专业的课程进行全面彻底的革新,确立以校企合作真实案例为教学骨架,案例教学中穿插必要的基础原理内容,在设计中分析维修维护技巧,在设计过程中提高维修维护能力,并在智慧校园真实维修维护案例的实施过程中,培养吃苦耐劳、勤恳奉献、聚精会神的大国工匠精神。

任务0-2　智慧物联网场景下的课程建设

　　物联网应用技术的一般技术架构包括底层数据采集智能硬件、数据传输技术、物联网网关、云服务器技术及移动应用技术等,其典型应用架构如图0-2所示。

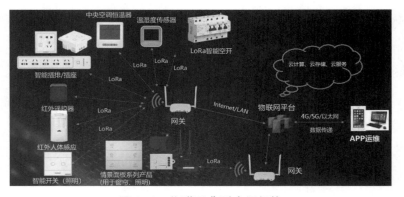

图0-2　物联网典型应用架构

　　根据物联网典型应用架构中用到的智能硬件开发技术、数据传输技术、智能网关开发技术、云服务及移动应用开发技术等典型物联网开发技术，并根据智慧校园运维的实际需求，将物联网应用技术专业的课程浓缩提炼为五门核心课程，从底层到应用层分别对应智能硬件设计与维护、微处理器程序设计、嵌入式系统应用、传感网应用技术和物联网移动应用开发，并开设了一门大综合的 1+X"物联网组网技术应用" 选修课程，课程主要内容如图 0-3 所示。

智能硬件设计与维护	智慧校园物联网感知层智能硬件设计与调试	工作手册式教材
微处理器程序设计	智慧校园物联网感知层程序设计与维护	工作手册式教材
嵌入式系统应用	智慧校园物联网嵌入式网关设计与维护	工作手册式教材
传感网应用技术	智慧校园组网及数据传输系统的构建与维护	工作手册式教材
物联网移动应用开发	智慧校园物联网移动端应用程序设计与维护	工作手册式教材
1+X"物联网组网技术应用"	1+X等级证书考证综合辅导	工作手册式教材

图 0-3　物联网课程主要内容

　　"智能硬件设计与维护"课程负责物联网底层感知及控制动作的实现，"微处理器程序设计"课程负责物联网底层感知的逻辑方法及软件实现，"嵌入式系统应用"课程负责物联网数据的整理、协议类型制定、接口数据转发等工作，"传感网应用技术"课程解决物联网底层智能硬件及物联网网关之间的数据传输问题，"物联网移动应用开发"课程提供移动端数据展示及云端数据存储、处理等服务。

　　课程涵盖物联网典型应用的大部分技术要素，以实际案例的设计开发过程为主线，穿插基础理论知识及工具的使用知识，做中学、学中做，达到学以致用的目的，并在智慧校园真实实践过程中，逐步提高理论联系实际的能力，以做促学。

任务 0-3　智慧物联网场景下的"智能硬件设计与维护"

◆　0-3-1　课程目标

　　"智能硬件设计与维护"课程以智能硬件的设计过程为主线，让同学们在设计过程中熟悉智能硬件中的关键技术、理解"现象"与"原理"之间的关系、掌握系统集成与板级维修的基本技能，逐步从学知识提升到会设计，在设计过程中升华维修技能和技巧，达到系统维护维修的岗位目标。课程中每个项目的实施过程严格按照企业研发进程设计，贴近实战，如图 0-4 所示。

◆　0-3-2　课程内容

　　课程中涉及电子元器件认知、常用电路原理及电路设计、原理图及 PCB 图纸绘制、电路板焊接调试、板级维修、通信接口设计与调试、嵌入式程序设计及调试等内容。

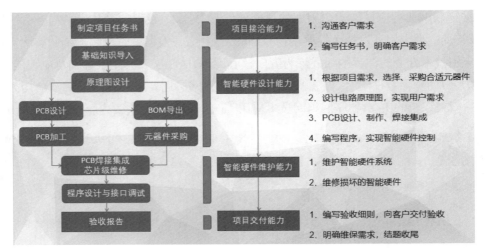

图 0-4　项目进程图

　　智慧校园场景下的智慧实训平台中,涉及大量的能源管控功能,特别是电能管理和控制中,灯控开关、远程断路器及读卡计费等是最常用、最基本的功能模块代表,因此书中将这两个模块作为重点实例进行分析讲解,其中远程断路器涉及通信接口的开发、大电流断路控制电路设计、状态指示灯控制及通信协议设计等内容;读卡计费系统涉及 RFID(射频识别)技术应用,包括读卡芯片电路设计、读卡线圈参数调配、读卡程序设计等内容。照明灯是智慧校园内最常见的应用电器之一,灯控开关用量巨大。随着科技发展,按键式灯控开关因其触感硬、有噪声、寿命短、大电流时有火花等,逐渐被新颖、美观的触摸式开关取代,该智能硬件不需编程,仅需简单的电路逻辑即可实现,因此作为本书入门级的应用,将触摸灯控开关作为第一个实例进行讲述,读者对此模块较为熟悉,可以降低入门难度。

◆　0-3-3　教学案例

　　课程安排在大一新生阶段,没有前导课程铺垫,因此需要在企业真实案例的基础上降低难度后形成适合大专层次使用的教学案例,本书基于课堂实践安全性、入门难易度、课时安排等多方面因素考虑,适当调整案例内容如下:

1. 项目一

　　触摸灯控开关中使用 12 V 替代 220 V 电源作为输入电源,提高课堂实践的安全性;触摸开关中使用的元器件,未考虑真实面板的尺寸、体积等因素,仅从技术实现方面进行案例教学。

2. 项目二

　　将所有 I/O 资源引出,供项目三的读卡模块使用,避免重复设计,提高有限学时的使用率;断路演示采用 LED 指示灯替代 220 V 大功率电器,提高课堂实践的安全性;系统状态指示灯采用 8 个 LED 灯珠设计成环状,可以实现不同形式的跑马效果,增加课堂趣味性。

3. 项目三

　　由于读者基本没有 C 和 C# 语言基础,读卡计费模块仅以读取 IC 卡卡号为例讲解RFID 技术的应用,降低程序设计难度,读者可以在后续课程中逐步完善、增强系统功能,拓展到其他 RFID 行业应用场景。

项目一

智慧能控触摸
灯控开关系统设计

项目以智慧能控应用场景下触摸灯控开关系统需求为主导，通过编写项目任务书、知识点强化、原理图设计、PCB 设计加工、系统集成调试、系统验收交付等设计环节，详细讲解了无程序控制的仅由简单电路堆叠组成的智能硬件设计基本过程。通过项目的讲解和实操，读者能快速掌握智能硬件设计的基本方法；通过举一反三及触类旁通项目的练习，读者可以快速掌握简单智能硬件的设计方法和加工途径，为后续项目奠定基础。

任务 1-1　智慧能控触摸灯控开关系统设计任务书

任务课时

2 课时

任务导入

　　智能硬件设计应该从什么工作开始？到什么阶段结束？以什么方式开始和结束？设计任务书是一个智能硬件的设计目标和验收交付标准，任务书在智能硬件设计生命周期中扮演着极其重要的角色，书写好设计任务书，可以清晰地描述系统功能要素及进度要求，是设计进程及验收交付的根本保障。项目以常见的触摸灯控开关为例，虽然原理很简单，但项目中包含信号输入、控制输出、电路逐级控制等智能硬件基本组成部分，麻雀虽小五脏俱全，从简单的项目开始，可以降低读者对智能硬件开发的恐惧心理，并使同学们产生设计兴趣，迅速进入角色。

任务目标

　　设计一款符合要求的触摸灯控开关智能硬件产品，在设计过程中学习智能硬件的故障推理、诊断方法，并掌握确定故障点后的板级维修方法。编写一份清晰明了、功能详尽的智慧能控触摸灯控开关系统设计任务书，阐述设计周期、功能细则、技术指标、验收标准等内容。

　　逻辑框架：触摸灯控开关逻辑图如图 1-1-1 所示。

图 1-1-1　触摸灯控开关逻辑图

◆　1-1-1　智慧硬件初探

1. 智能硬件的定义

　　什么是智能硬件？业界没有统一的定义，但可以与之类比人体，一般认为具有感知外界环境的能力，并对外界环境的改变能做出一定反应或动作的电子装置，可以称之为智能硬件。智能硬件要能感知周边（通过传感器采集信息）、理解别人（通过适当接口接收信息并处理）、表达自己（通过适当接口发送信息），甚至可以融入集体形成"社会团体"（借助于团体内的共同语言——通信协议，也称为数据帧格式）。

2. 智能硬件的硬件及软件组成

　　(1)电子元器件：实现特定的电子功能，通过采购获得。

　　(2)印刷线路板：承载电子元器件及连线，通过电路设计及线路板设计加工获得。

（3）接口或连接器：连接不同功能模块，实现通信或电气连接功能，通过电路设计及采购获得。

（4）软件程序：有些简单智能硬件无须软件程序控制，仅能执行简单逻辑控制，如本任务中的触摸灯控开关系统，较复杂的智能硬件需要通过特定编译器 IDE 编写系统功能软件程序，实现系统功能，这部分内容将在任务 1-2 和任务 1-3 中详细讲解。

3. 智能硬件的逻辑组成

智能硬件一般由输入系统、数据处理系统及输出系统三部分构成，其中输入系统包括各类传感器信号的输入及通信接口，数据处理系统通常是一片微处理器，输出系统包括控制信号的输出及通信接口部分。

4. 电的初步认识

电的参数包括电流、电压、电阻、功率等，电有直流电和交流电之分。

①电压（voltage）或称电势差，是驱使电子流经导线的一种潜能，若把电荷从一点移到另一点必须对电场做功，就称两点之间存在电压。

②电流是电荷的移动，通常以安培（Ampere）为度量单位。任何移动中的带电粒子都可以形成电流。

③电荷（electric charge）是电子负荷的量，是电场之源。当正电荷发生净移动时，在其移动方向上即构成电流。

④电阻（electric resistance）：限制电路中电流的量，亦称为电流的阻力。

⑤功率（electric power）：定义为单位时间内所做之功。因导线不积存电荷，故在一闭合电路中有多少电荷通过电池必有相同量之电荷通过电阻。

◆ 1-1-2 智慧能控触摸灯控开关项目需求分析

智慧能控中，要求通过非机械式触摸的方法控制 220 VAC60 W 黑板照明灯的亮灭，每次触摸后，灯的状态反转，亮变灭，灭变亮，按照该要求，分析系统功能包括以下几点。

1. 触摸感知功能

感知用户的触摸动作，每次触摸后，系统改变输出电源的通断状态。传统智能硬件如电磁炉、智能门锁、洗衣机等设备的交互系统均采用机械式按键，在触摸感、寿命、防水性等方面均存在不足，随着电子技术的发展，触摸式按键逐渐普及智能硬件设计领域，触摸按键可以整体附着在玻璃板下，与用户没有直接机械接触，触摸板通过电容效应感知用户的触摸动作，因此不但能避免传统机械式按键的缺陷，而且能方便用户对产品外观整体设计，提高产品的美观度。为了快速实现系统功能，任务中采用市面上常用的触摸板模块实现触摸感知功能，课后提供触摸板模块相关资料，在学习完本任务后，读者可以自己动手制作触摸板模块。

2. 电源通断控制

智慧能控中，触摸灯控开关控制 220 VAC60 W 黑板照明灯的亮灭，考虑到照明灯的电压等级较高,因此选择继电器控制的方法实现。

3. 电源输入

智能硬件系统运行的首要基础是要有合适的电源供给,控制系统内部采用 5 VDC 工作电压,输出 220 VAC 电源控制,考虑到课堂实践的安全性,电源部分采用 12 VDC 电源进行演示,实际工程使用时,仅需增加 220 V 转 12 V 的电源模块即可,在系统中将 12 VDC 转换成 5 VDC 供系统使用。

4. 其他电阻、三极管等常规电子元器件

原理在本章后续小节中讲述。

◆　1-1-3　智慧能控触摸灯控开关系统设计任务书

制作设计任务书的目的是将客户需求用技术指标明确化,便于快速、准确理解项目真实需求;有针对性地快速形成解决方案,并将验收细则条目化,避免因理解偏差造成的扯皮事件发生。任务书最重要的是双方的权责划分,甲方明确付款步骤和义务权责,乙方明确技术指标和设计周期,设计任务书如表 1-1-1 所示。

> **说明:**
>
> 明确用户需求。

表 1-1-1　智慧能控触摸灯控开关系统设计任务书

项目名称:智慧能控触摸灯控开关系统设计
项目甲方:智慧校园服务中心 项目乙方:智能硬件设计工作室
项目简介: 　　××××学院智慧校园建设工程的智慧能控项目中,需要对黑板照明灯进行人工控制,要求不能采用机械式按键或闸刀的方法,推荐使用触摸板的形式实现;照明灯为 220 VAC60 W LED 灯(课堂实践采用普通 LED 灯珠替代);每次触摸后,灯的状态反转,亮变灭,灭变亮
技术指标: 　(1)交互方式:电容式触摸按键 　(2)开关容量:≥ 100 W、220 VAC、非感性负载 　(3)开关频率:≤ 1 Hz 　(4)故障率:≤ 0.01% 　(5)供电输入:9 ~ 12 VDC 　(6)系统单价:≤ 50 元 / 套 　(7)工作环境:温度 –10 ~ 80 ℃;湿度 <90%,无结露、无凝霜 　(8)使用寿命:≥ 1 年 　(9)特殊说明:项目不含外壳模具设计,无须考虑外壳造型

续表

周期与费用：
开发费用总计三万元人民币(书中所列价格均不是实际成交价,仅做格式参考),开发周期为 15 个工作日,启动资金入账日为项目启动日期;项目启动时,甲方支付乙方 40% 费用作为启动资金,项目通过验收后,支付总费用的 50% 款项;一年后,支付 10% 质保金尾款。   甲乙双方根据上述技术指标(除第 7 项)进行项目验收,如果乙方开发的产品无法通过甲方验收,乙方须返还甲方已支付的启动资金,项目自动终止;如果甲方验收通过但无法在 3 个工作日内支付对应款项给乙方,须按日支付违约金给乙方,每日违约金为总款项的 0.1%;未尽事宜双方诚意协商,协商不成则委托当地人民法院依法处理
甲方签字盖章：   乙方签字盖章： 日期：   日期：

作为智能硬件设计课程的第一个项目,不宜将系统设计得太复杂,因此本项目暂不考虑过载保护、防雷击等措施,仅实现必要的功能单元。

任务 1-2　智慧能控触摸灯控开关系统设计知识强化

任务课时

6 课时

任务导入

智慧能控触摸灯控开关用到了若干元件或模块,这些物料的基本原理是什么? 物料之间有什么关系? 知其然才能知道怎么设计电路原理图。

任务目标

使读者掌握触摸灯控开关系统中用到的各种物料的性能参数和使用方法,为原理图设计打下基础。

1-2-1　智慧能控触摸灯控开关系统物料

通过任务 1-1 可知智慧能控触摸灯控开关设计需要触摸板、电源转换模块、继电器、三极管、电容、电阻等物料,如图 1-2-1 ~ 图 1-2-6 所示。

1-2-2　触摸板

图 1-2-1 和图 1-2-2 为触摸板的实物图,触摸板中有 A、B 两个设置电阻处,其中将 B 位置焊接 10 kΩ 电阻后,触摸板可以实现自锁功能,输出信号在下一次触摸之前保持上次

触摸后状态不变,为了使触摸灯控开关稳定输出,采购的触摸板需要焊接这个电阻。触摸板封装尺寸为 10 mm × 16 mm,引脚间距为 2.54 mm,中心引脚居中。

图 1-2-1　触摸板外形图

图 1-2-2　触摸板接线图

图 1-2-3　继电器

图 1-2-4　电源芯片及接口

图 1-2-5　三极管

图 1-2-6　电阻和 LED 灯

◆　1-2-3　继电器

继电器(relay)是一种受控开关,普通型继电器外形如图 1-2-3 所示,继电器内部分为电磁铁线圈和受控开关两部分,当电磁铁线圈通电后,受控开关的公共节点 COM 与常开 NO 端接通,否则受控开关的 COM 与常闭 NC 端接通,如图 1-2-7 所示。继电器可以实现小电压控制大电压、安全电路控制非安全电路的作用。本项目中,需要用 5 V 小电压,控制 220 V 交流高电压的灯泡亮灭。

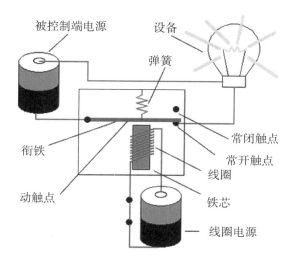

图 1-2-7　继电器原理

1. 继电器分类

1)按继电器的工作原理或结构特征分类

(1)电磁继电器:利用输入电路内电流在电磁铁铁芯与衔铁间产生的吸力作用而工作的一种电气继电器。

(2)固体继电器:指电子元件履行其功能而无机械运动构件的,输入和输出隔离的一种继电器。

(3)温度继电器:当外界温度达到给定值时而动作的继电器。

(4)干簧继电器:利用密封在管内,具有触电簧片和衔铁磁路双重作用的舌簧动作来开、闭或转换线路的继电器。

(5)时间继电器:当加上或除去输入信号时,输出部分需延时或限时到规定时间才闭合或断开其被控线路的继电器。

(6)高频继电器:用于切换高频、射频线路而具有最小损耗的继电器。

(7)极化继电器:有极化磁场与控制电流通过控制线圈所产生的磁场综合作用而动作的继电器。继电器的动作方向取决于控制线圈中流过的电流方向。

(8)其他类型的继电器:如光继电器、声继电器、热继电器、仪表式继电器、霍尔效应继电器、差动继电器等。

2)按继电器的外形尺寸分类

(1)微型继电器:最长边尺寸不大于 10 mm 的继电器。

(2)超小型继电器:最长边尺寸大于 10 mm,但不大于 25 mm 的继电器。

(3)小型继电器:最长边尺寸大于 25 mm,但不大于 50 mm 的继电器。

注意:对于密封或封闭式继电器,外形尺寸为继电器本体三个相互垂直方向的最大尺寸,不包括安装件、引出端、压筋、压边、翻边和密封焊点的尺寸。

3)按继电器的负载分类

(1)微功率继电器:当触点开路电压为直流 28 V 时,阻性为 0.1 A、0.2 A 的继电器。

(2)弱功率继电器:当触点开路电压为直流 28 V 时,阻性为 0.5 A、1 A 的继电器。

(3)中功率继电器:当触点开路电压为直流 28 V 时,阻性为 2 A、5 A 的继电器。

(4)大功率继电器:当触点开路电压为直流 28 V 时,阻性为 10 A、15 A、20 A、25 A、40 A……的继电器。

4)按继电器的防护特征分类

(1)密封式继电器:采用焊接或其他方法,将触点和线圈等密封在罩子内,与周围介质相隔离,其泄漏率较低的继电器。

(2)封闭式继电器:用罩壳将触点和线圈等封闭(非密封)加以防护的继电器。

(3)敞开式继电器:不用防护罩来保护触点和线圈等的继电器。

2. 继电器主要产品技术参数

(1)额定工作电压:是指继电器正常工作时线圈所需要的电压。根据继电器的型号不同可以是交流电压,也可以是直流电压。

(2)直流电阻:是指继电器中线圈的直流电阻,可以通过万用表测量。

(3)吸合电流:是指继电器能够产生吸合动作的最小电流。在正常使用时,给定的电流必须略大于吸合电流,这样继电器才能稳定地工作。而对于线圈所加的工作电压,一般不能超过额定工作电压的 1.5 倍,否则会产生较大的电流而把线圈烧毁。

(4)释放电流:是指继电器产生释放动作的最大电流。当继电器吸合状态的电流减小到一定程度时,继电器就会恢复到未通电的释放状态,这时的电流远远小于吸合电流。

(5)触点切换电压和电流:是指继电器允许加载的电压和电流。它决定了继电器能控制电压和电流的大小,使用时不能超过此值,否则很容易损坏继电器的触点。

3. 继电器测试

(1)测量触点电阻:用万用表的电阻挡,测量常闭触点与动点电阻,其阻值应为 0;而常开触点与动点的阻值应为无穷大。由此可以区别出哪个是常闭触点,哪个是常开触点。

(2)测量线圈电阻:可用万用表 R×10 挡测量继电器线圈的阻值,从而判断该线圈是否存在开路现象。

(3)测量吸合电压和吸合电流:用可调稳压电源和电流表,给继电器输入一组电压,且在供电回路中串入电流表进行监测。慢慢调高电源电压,听到继电器吸合的声音时,记录吸合电压和吸合电流。为求准确,可以尝试多次测量,然后求平均值。

(4)测量释放电压和释放电流:也是像上述那样连接测试,当继电器发生吸合后,再逐渐降低供电电压,当听到继电器再次发生释放声音时,记下此时的电压和电流,亦可尝试多次测量而取得平均的释放电压和释放电流。一般情况下,继电器的释放电压为吸合电压的 10% ~ 50%。

4. 继电器信息识读

一般在继电器的表面会印上继电器相关参数、使用图形或文字标识,通过这些信息可以判定该继电器的常规参数,任务中选择的继电器如图 1-2-8 所示。

(1)黑色底部图示中,标明了每个引脚的作用,使用图示的方式非常形象,有三个引脚的这一排,两侧的引脚为线圈驱动引脚,中间引脚为公共输入端,另一侧的两个引脚中,左侧为常闭触点,另一个为常开触点。

(2)蓝色顶部图示中的三行文字,标明继电器的电气特性,如前两行为负载容量,最下面一行的 24 VDC 表示继电器为 24 V 线圈,通常需要 24 V 电压驱动该继电器。

图 1-2-8　继电器识读示例

◆　1-2-4　电源

电源是智能硬件工作的必备前提,稳定、合适的电源供给是智能硬件稳定运行的基础,"稳定"是指电源电压不能波动,更不能跳动,"合适"是指电源的电压等级要合适、电流输出能力要合适。

1. 常见电源

电源模块有分立式和整体式,分立式通常需要在电路板上设计相应外围电路实现,比如 LM2575 等;整体式是将电源的各部分组合在一起,封装成一个整体的电源,比如模块电源、手机充电器等,课程中重点介绍分立式电源。

1)电源按照输入和输出的电压等级和形式分类

电源按照输入和输出的电压等级和形式分类,常见的有:

①交流转直流型:220 VAC 转 5 VDC 型、220 VAC 转 9 VDC 型、220 VAC 转 12 VDC 型、220 VAC 转 24 VDC 型、220 VAC 转 36 VDC 型、220 VAC 转 48 VDC 型等。

②直流转直流型:4 ~ 12 VDC 转 3.3 VDC 型、9 ~ 24 VDC 转 5 VDC 型、12 ~ 24 VDC 转 9 VDC 型、24 ~ 72 VDC 转 12 VDC 型等。

2)电源按照转换原理分类

电源按照转换原理分类,常见的直流电源模块有:

① LDO 型:LDO 是一种线性稳压器,使用在其饱和区域内运行的晶体管或场效应管(FET),从应用的输入电压中减去超额的电压,产生经过调节的输出电压。低压降(LDO)线性

稳压器的成本低，噪声低，静态电流小，这些是它的突出优点，它需要的外接元件也很少，通常只需要一两个旁路电容。一般的 LDO 型电源模块，工作时会产生热量，需要考虑散热问题，常见的型号有 LM7805、LM7812、AMS1117 等。

② DC-DC 型：DC-DC 的意思是直流变（到）直流（不同直流电源值的转换），只要符合这个定义都可以叫 DC-DC 转换器，包括 LDO。但是一般的说法是把直流变（到）直流由开关方式实现的器件叫 DC-DC。DC-DC 转换器包括升压、降压、升/降压和反相等电路。DC-DC 转换器的优点是效率高、可以输出大电流、静态电流小。随着集成度的提高，许多新型 DC-DC 转换器仅需要几个外接电感器和滤波电容器。但是，这类电源控制器的输出脉动和开关噪声较大、成本相对较高。常见的有 LM2575、LM2576、MP2315、FAN5660 等。

综上所述，如果输入电压和输出电压很接近，且输出容量比较小，最好是选用 LDO 稳压器，可达到很高的效率；如果输入电压和输出电压不是很接近，就要考虑用开关型的 DC-DC了，因为 LDO 的输入电流基本上是等于输出电流的，如果压降太大，耗在 LDO 上的能量太大，发热严重，效率不高。总体来说，升压是一定要选 DC-DC 的，降压是选择 DC-DC 还是 LDO，要在成本、效率、噪声和性能上比较。

2. 电源选型

智能硬件根据其用电情况，需要选择不同的电源模块，合理构建电源系统，比如智能硬件核心部分需要 5 V 供电，系统可以部署在有 220 VAC 供电的场景下，那么通常会选择外置 220 VAC 转 9 VDC 或 12 VDC 电源，在智能硬件的电路板上，集成 7 ~ 24 VDC 转 5 VDC电源电路；比如智能硬件的核心部分需要 24 V 和 5 V 供电，其中 24 V 给电机供电，5 V 给电路板供电，那么要考虑外置 220 VAC 转 24 VDC 电源模块的功率，一般不小于电机功率的 2倍，电路板需要 5 VDC，则需要在电路板上集成 24 VDC 转 5 VDC 的电源电路，24 V 与 5 V的压差非常大，如果用 LDO 型电源转换芯片，则发热量巨大，需要考虑输出功率、散热等问题，因此需要使用 DC-DC 型电源转换芯片。

> **说明：**
> 　供电电压一般要大于核心部分的工作电压，特别是组网使用的智能硬件，一定要预留一些电压梯度，防止供电线路的压降导致系统供电不足。

本项目中，需要的电压为 5 V，电流为毫安级，考虑到教学实践安全性等，项目中选择220 VAC 转 12 VDC 整体式电源模块作为电路板电源输入，在电路板中，采用 LDO 型 7805芯片作为电源转换芯片。作为课程入门级项目，尽量降低设计难度，实物如图 1-2-4 所示。

◆ **1-2-5　三极管**

三极管，全称为半导体三极管，也称双极型晶体管、晶体三极管，是一种控制电流的半导体器件。三极管的工作原理比较复杂，本书不讲述深层次原理。三极管的作用一般有两个方面：电流放大和开关。在经典电路中，三极管通常被用作放大器，利用三极管可以实现较复杂的放大电路，比如音频放大电路、信号放大电路等。时至今日，一些较高档的音响设备里还在使用三极管作为音频放大的基本元件，但是这种电路的搭建比较复杂，需要较强的硬件设计基础才能实现,目前随着集成电路的迅速发展,其放大功能逐渐被一些集成电路芯片替代,因此在如今的电子设计中,三极管更多被用作开关,因此三极管可以理解为一种体积紧凑的受控开关,可以实现较小电压之间的相互控制。三极管的简单分类如下。

1. 按照实现原理分类

(1)NPN 型三极管:基本原理不做介绍,在控制方面可以总结为高电平导通、低电平截止。常见的型号有 8050、9013 等,原理图符号如图 1-2-9 所示,b 为控制端,当 b 为高电平时,ce 之间导通,导通压降一般为 0.3 ~ 0.7 V,通常被控设备接在 c 端,特殊情况下接在 e 端;当 b 端为低电平时,ce 之间为高阻状态,称为截止状态,也可以理解为短路断开。

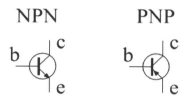

图 1-2-9　三极管原理图符号

(2)PNP 型三极管:基本原理不做介绍,在控制方面可以总结为低电平导通、高电平截止。常见的型号有 8550、9012 等。原理图符号如图 1-2-9 所示,b 为控制端,当 b 为低电平时,ce 之间导通,导通压降一般为 0.3 ~ 0.7 V,通常被控设备接在 c 端,特殊情况下接在 e 端;当 b 端为高电平时,ce 之间为高阻状态,称为截止状态,也可以理解为短路断开。

NPN 型相当于高电平有效,PNP 型相当于低电平有效。

2. 按照封装形式分类

(1)贴片封装:所有引脚位于一个平面,可以直接焊接在电路板的表面,三极管的贴片封装通常采用 SOT-23,如图 1-2-10 所示。

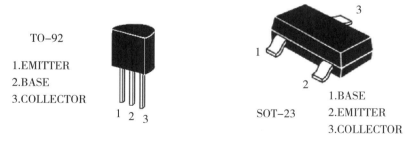

图 1-2-10　三极管常用封装

(2)插件封装:所有引脚以金属柱的形式从元件主体引出(称之为引脚),电路板需要设计与之对应的焊盘孔,焊接时将元件的引脚穿过电路板的焊盘孔后在反面焊接,三极管的插件封装通常采用 TO-92,如图 1-2-10 所示。通常情况下,元件的封装越大,其功率越大或者负载能力就会越强,因此,选择三极管时,要从所需三极管的过电流能力和电路板尺寸等方面考虑选择合适的封装,本项目中三极管是用来控制继电器线圈的,电流为毫安级,相对较小,因此采用 SOT-23 封装的 NPN 型三极管。

◆ 1-2-6　电阻与欧姆定律

本部分深入讲述电阻的外观、符号、封装、作用及利用欧姆定律计算电路中电阻参数的基本方法。要求读者理解电阻的基本作用,掌握电阻的选型方法,掌握利用欧姆定律计算电阻参数的方法,能理解分压电阻和限流电阻的作用。

1. 初识电阻

电阻对电子的流动起阻碍作用,换句话说就是电阻对电流起到阻碍的作用,好比风吹过森林时,树木对风起到阻碍的作用一样,要想让风小一点,就要使树木变得茂密一些,要想让电流小一点,就让电阻大一点,大一点或小一点的数值称为电阻值,电阻值是电阻最重要的特性之一。电阻值是电阻的固有属性,不随流过电阻的电流值及电阻两端的电压值改变而改变,电阻的单位为欧姆(Ω)。

1)常用电阻值

电阻最重要的参数就是电阻值,每个电阻都有其确定的电阻值,印在电阻上的数值称之为标称值,常用的电阻值有:

0.01 Ω、0.05 Ω、0.1 Ω、0.5 Ω……

1 Ω、5.1 Ω、10 Ω、100 Ω、200 Ω、810 Ω……

1 k、2 k、3.3 k、4.7 k、5.1 k、6.8 k、10 k、20 k、100 k、200 k……

1 M、2 M、10 M、20 M……

2)电阻精度

电阻的标称值与实际电阻值不可能完全一致,因此两者存在一定误差,这个误差的大小称之为精度。常见的电阻精度有 ±5% 和 ±1% 两种,如果系统电阻仅起到限流的作用,则通常采用 ±5% 的精度就可以了,也就是实际电阻值位于 [标称值 ×95%,标称值 ×105%] 区间内;如果电阻用于 AD 采集电路或精密分压等电路中,则需要用到 ±1% 精度的电阻;如果需要更高精度的电阻,则需要自行筛选,可以使用万用表进行电阻测量,测量方法见电阻测量小节,万用表使用方法见本书附录。

3)常用电阻封装

电阻的封装也有插件封装和贴片封装两种方式。由于贴片封装体积紧凑,便于贴片生存,因此使用得越来越多,只有在大功率的需求情况下才会选择插件封装。常用贴片封装有:0402、0603、0805、1206、2512 等,封装与尺寸、功率的关系如表 1-2-1 所示。

表 1-2-1　贴片电阻 / 电容封装尺寸对照表

英制 /inch	公制 /mm	长(L)/mm	宽(W)/mm	高(t)/mm	a/mm	b/mm	额定功率 /W
0201	0603	0.60 ± 0.05	0.30 ± 0.05	0.23 ± 0.05	0.10 ± 0.05	0.15 ± 0.05	1/20
0402	1005	1.00 ± 0.10	0.50 ± 0.10	0.30 ± 0.10	0.20 ± 0.10	0.25 ± 0.10	1/16
0603	1608	1.60 ± 0.15	0.80 ± 0.15	0.40 ± 0.10	0.30 ± 0.20	0.30 ± 0.20	1/10
0805	2012	2.00 ± 0.20	1.25 ± 0.15	0.50 ± 0.10	0.40 ± 0.20	0.40 ± 0.20	1/8
1206	3216	3.20 ± 0.20	1.60 ± 0.15	0.55 ± 0.10	0.50 ± 0.20	0.50 ± 0.20	1/4

续表

英制 /inch	公制 /mm	长(L)/mm	宽(W)/mm	高(t)/mm	a/mm	b/mm	额定功率 /W
1210	3225	3.20 ± 0.20	2.50 ± 0.20	0.55 ± 0.10	0.50 ± 0.20	0.50 ± 0.20	1/3
1812	4832	4.50 ± 0.20	3.20 ± 0.20	0.55 ± 0.10	0.50 ± 0.20	0.50 ± 0.20	1/2
2010	5025	5.00 ± 0.20	2.50 ± 0.20	0.55 ± 0.10	0.60 ± 0.20	0.60 ± 0.20	3/4
2512	6432	6.40 ± 0.20	3.20 ± 0.20	0.55 ± 0.10	0.60 ± 0.20	0.60 ± 0.20	1

常见的电阻实物如图 1-2-11 和图 1-2-12 所示。

图 1-2-11　常见贴片电阻

图 1-2-12　常见插件电阻

2. 欧姆定律

欧姆定律是指在同一电路中,通过某段导体的电流跟这段导体两端的电压成正比,跟这段导体的电阻成反比。该定律是由德国物理学家乔治·西蒙·欧姆 1826 年 4 月发表的《金属导电定律的测定》论文提出的。随着研究电路工作的进展,人们逐渐认识到欧姆定律的重要性,欧姆本人的声誉也大大提高。为了纪念欧姆对电磁学的贡献,物理学界将电阻的单位命名为欧姆,以符号 Ω 表示。

简而言之,欧姆定律是指通过电阻 R 的电流 I,与电阻 R 两端的电压差 U 之间的关系为

$$U=I \cdot R$$

3. 电路参数计算

1)电阻串联电路计算

若干个电阻 R_1、R_2、R_3、R_4……R_n 依次串联,电流依次通过,此时通过这些电阻的电流值相等,即 $I_1=I_2=I_3=I_4=\cdots=I_n$,总电阻值为各个电阻值的和,即 $R=R_1+R_2+R_3+R_4+\cdots+R_n$,串联电路如图 1-2-13 所示。

图 1-2-13　串联电路

2) 电阻并联电路计算

若干个电阻 R_1、R_2、R_3、R_4……R_n 依次并联,电流分别通过,此时各个电阻两端的电压差相等,即 $U_1=U_2=U_3=U_4=\cdots=U_n$,总电阻值的倒数为各个电阻值倒数的和,即 $1/R=1/R_1+1/R_2+1/R_3+1/R_4+\cdots+1/R_n$,并联电路如图 1-2-14 所示。

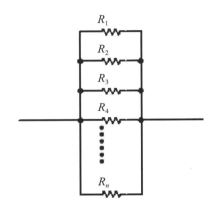

图 1-2-14　并联电路

3) 电阻测量

可以使用万用表测量电阻的阻值大小,万用表的使用方法见本书附录,将万用表的红表笔插入欧姆孔,将黑表笔插入公共孔,然后将换挡旋钮拨至欧姆挡区间,此时可以将万用表的两个表笔分别按在电阻两端的焊盘或金属引脚上,这时万用表可以显示当前电阻的电阻值。电阻测量时需要注意以下几点:

(1)要根据电阻的实际电阻值大小,调整换挡旋钮所指向的欧姆挡不同精度挡位,比如测量非常大的电阻,需要拨到 MΩ 挡;如果测量比较小的电阻,需要拨到 Ω 挡或更小的挡位。

(2)电阻需要脱离电路测量。在电阻与其他电路相连时进行测量,测量值会因为其与其他电路形成了并联关系,而使得测量值偏小。

(3)断电测量。用万用表测量电阻也是基于欧姆定律进行的,当有外部电流作用在电阻上时,万用表测量值会有较大偏差。

(4)测量保存时间较长的电阻,特别是进行精确测量时,需要对其焊盘或引脚进行预处理,去除表面的氧化层,否则会对测量电阻值有影响。

4) 电阻电路仿真

> **说明:**
>
> 电路仿真是检测电路设计是否符合需求的重要手段,也是电路设计初学者降低学习成本、提高学习效率的重要辅助手段。

电路基础知识薄弱的同学,可以采用仿真的形式直观地感受电路中每个电阻对电流电压的影响,从而理解欧姆定律的内容,并迅速培养对电路设计的兴趣,下面以两个电阻串联的电路为例讲述电路仿真的步骤。

第一步,下载安装 EDA 软件。

如图 1-2-15 所示,打开网址 https://lceda.cn/,点击"立即下载",然后根据电脑操作系统不同,下载相应版本的软件,双击下载完成的安装文件后,依次点下一步就可以完成安装。

图 1-2-15　立创 EDA 下载

> **说明:**
> 课程中所使用的原理图、PCB 图纸设计软件也是该软件。
> 习惯国产软件、支持国产软件、摆脱技术依赖,让国产走向世界,逐步增强民族自信心和自豪感。

在安装的过程中,会提示选择工程的类型:完全在线版、工程离线版和离线版,这几个版本仅仅关系到工程和自定义元件封装的保存位置,建议选择工程离线版,工程保存在自己的电脑上,便于同学们之间相互分发作品;如果选择完全在线版,则所有工程、自定义元件封装等数据,均保存在嘉立创的公有云空间中,这种类型更便于多电脑办公或异地办公,不局限于自己的电脑空间,因此在工作中,比较适合使用此模式。

第二步,建立仿真工程。

打开安装好的立创 EDA 软件,初始画面如图 1-2-16 所示。立创 EDA 中的工作模式分为标准模式和仿真模式两种,正常的原理图设计、PCB 设计工作要在标准模式中进行,电路仿真时需要进入仿真模式,两种模式下系统提供的工具集不同,点击模式图标,可以切换工作模式。

图 1-2-16　立创 EDA 打开画面

图 1-2-16 中,还包含文档教程、视频教程、用户论坛、开源平台等在线资源,初学者可以借助这些资源迅速上手,为了便捷、高效地使用这些资源,推荐大家注册一个账号并绑定微信登录,注册画面如图 1-2-17 所示。

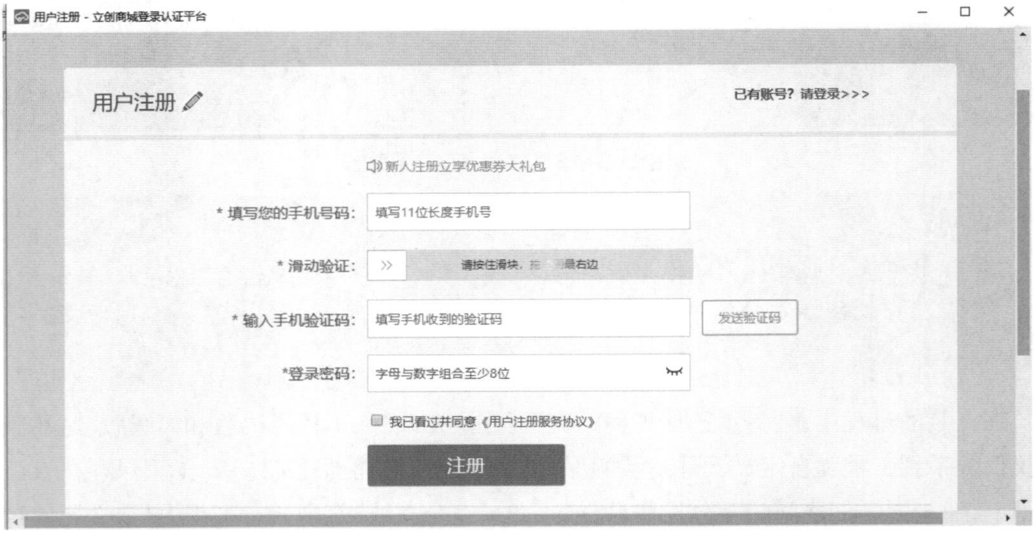

图 1-2-17　用户注册

一般新注册用户都会享受新人大礼包,比如 2 次免费电路板打样机会、新人代金券等,同学们注册后,正好可以使用这些机会进行电路板打样,可降低学习成本。

> ▶ **说明:**
> 可以绑定微信,使用扫码登录的方式,方便快捷。

注册登录后,点击切换至仿真模式,系统进入仿真模式,点击"文件 / 新建 / 工程",新建仿真工程,如图 1-2-18 所示。

图 1-2-18 新建仿真工程

在标题中输入工程名称,在描述中输入对工程的一些描述信息,也可以不输入描述信息,点击保存后,工程建立成功,点击保存工程,如图 1-2-19 所示。

> **说明:**
>
> 如果安装的是工程离线版,想知道保存工程的文件目录,可以在"设置 / 桌面客户端设置 / 数据保存目录"菜单中查看或设定文件工程保存目录。

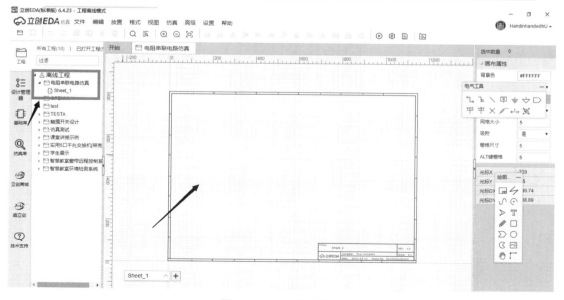

图 1-2-19 仿真模式

左侧工程列表中出现了刚刚建立好的仿真工程,点击左侧列表中的基础库按钮,打开基础库列表,基础库中存放着最常用的电子元器件,用户可以直接将元件拉到画面中间的设计画面中,进行电路设计和仿真,添加第一个 10 kΩ 电阻到画面的过程如图 1-2-20 所示。

> **说明:**
> 左键放置;
> 右键结束放置;
> 滚轮旋转可以缩放画面。

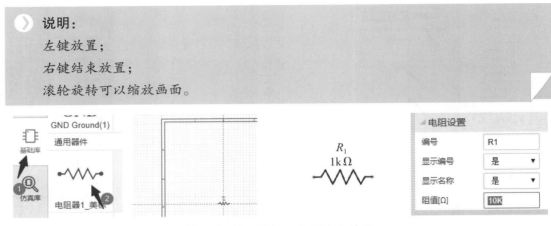

图 1-2-20　添加一个 10 kΩ 电阻

首先找到电阻图标,点击后鼠标移动至仿真画面内,点击鼠标左键放下一个电阻,然后点击鼠标右键结束电阻放置,最后点击一下电阻,使之处于选中状态,然后在右侧属性对话框中选择电阻设置中的相关值进行修改,如图 1-2-20 所示,将 1 kΩ 改成 10 kΩ,点击键盘确定按钮确认修改。采用同样的步骤放入另一个 10 kΩ 电阻及电源后,设计电路如图 1-2-21 所示。

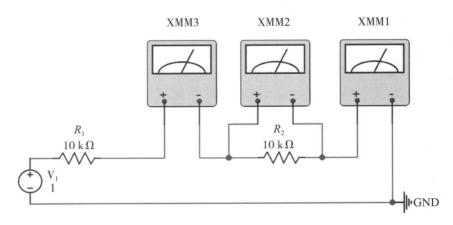

图 1-2-21　电阻仿真电路

> **说明:**
> 实物万用表可以测电阻、电压、电流、电容及通断等量,仿真软件中的万用表仅可以测电压和电流值,伏特计用于测电压,安培计用于测电流。

图 1-2-21 中,XMM1 和 XMM3 设置为电流表,也就是安培计;XMM2 设置为电压表,也就是伏特计,具体测量原理见本书附录中万用表的用法。万用表设置方法如图 1-2-22 所示。

点击运行仿真按钮,仿真结果如图 1-2-23 所示。

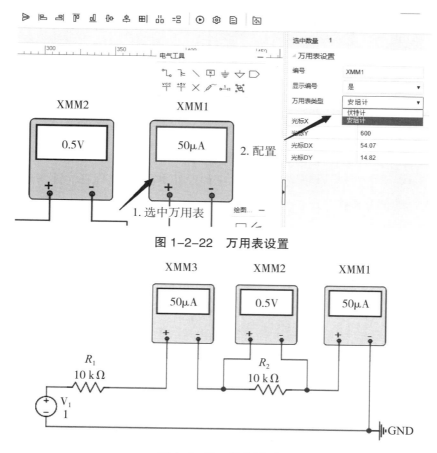

图 1-2-22　万用表设置

图 1-2-23　仿真结果

从仿真结果可知,1 V 的供电电压经过两个 10 kΩ 的串联电阻后形成回路,电路中的电流为 50 μA,并且可以说明串联回路中每个地方的电流都是相等的,50 μA 电流流过 10 kΩ 电阻时,电阻两端的压差为 0.5 V,符合欧姆定律。

 **智慧能控触摸灯控开关系统原理图设计**

任务课时

4 课时

任务导入

　　智慧能控触摸灯控开关系统设计,需要将分散的元件或模块组合成控制电路,才能实现触摸控制的功能。

任务目标

　　使读者掌握触摸灯控开关系统原理图中元件符号的设计和使用方法、封装的设计和使用方法、元件布局布线方法及原理图检测方法。

　　下面将原理图设计过程一步一步展开。

　　第一步,打开设计软件立创 EDA(纯国产终身免费),在标准模式下建立工程,如图 1-3-1 所示,建立完工程后,系统默认打开原理图设计页面,将其保存。建议先注册登录后使用,否则会影响部分操作。

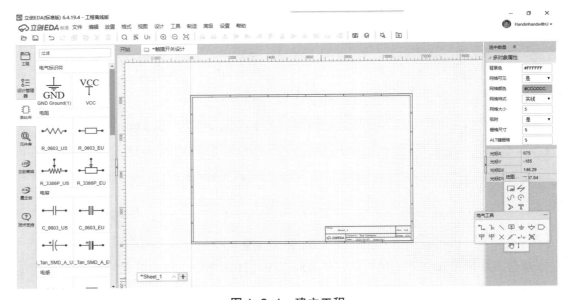

图 1-3-1　建立工程

> **说明:**
> 　　与前面的仿真软件是同一个软件。

　　第二步,从基础库中选择三极管、电阻、LED 灯等元件放入原理图图纸中,这些常用元件在基础库中已经存在,因此点击后加入原理图中即可,如图 1-3-2 所示,基础库中元件较少,可到元件库查找更多元件,见第三步。

　　第三步,放置继电器、7805 芯片及接口模块,如图 1-3-3 所示,点击元件库,在弹出的位置 2 所示对话框中输入搜索"继电器",在搜索到的列表中点击某个名称后,在右侧位置 4 所示画面中,会显示该元件的符号图和实物图,寻找到合适的元件后,点击放置按钮,将继电器放入原理图中。

　　在图 1-3-3 中,箭头 4 指向的位置,最上面一个图形称之为元件符号,代表一个元器件的原理性图形;中间的图形称之为元件封装图,与实物的俯视图相关,特别是引脚的大小及相对位置非常关键;最下面的图像是实物图片,便于观察实物形状。点击放置后将元件放到原理图中。采用同样的步骤放置 7805 芯片。

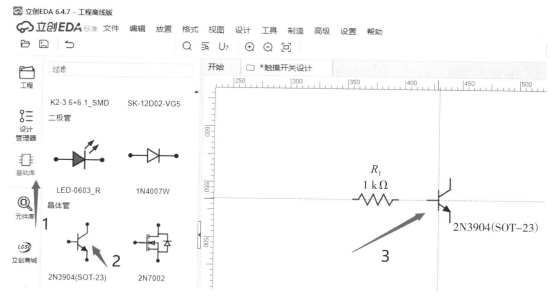

图 1-3-2　原理图中加入电阻和三极管

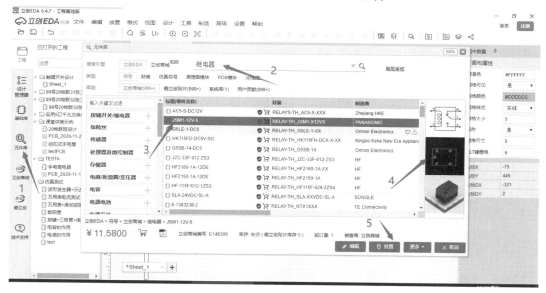

图 1-3-3　原理图中加入继电器

　　注意,在元件库中搜到的元件,很大一部分是网友做好上传的,大部分是正确可用的,但不保证完全正确,用之前一定要确认好,在左下角位置也标注了该元件在立创商城中的销售单价,供选择参考。

　　第四步,制作触摸板元件符号及封装。

　　触摸板不是独立元件,在系统库里找不到对应的符号和封装,因此需要测量实物尺寸、引脚位置坐标等参数后,用户自定义制作符号和封装。根据实物测量可知,触摸板 3 个引脚的距离为 2.54 mm,触摸板长 14 mm,宽 10 mm,中间引脚垂直居中,水平靠左,按照这些基本参数制作自定义符号和封装。

> **说明：**
> 符号不关注尺寸，可以做成任意大小，但要考虑美观、直观、协调；
> 封装有严格的尺寸要求，需要与物品焊接引脚的尺寸相对应，否则会造成无法焊接集成的后果。

选择"文件\新建\符号"，在弹出的制作页面中制作符号，如图 1-3-4 所示。

选择"文件\新建\封装"，在弹出的制作页面中制作封装，如图 1-3-5 所示。

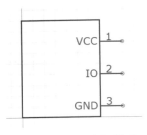

图 1-3-4　触摸板符号

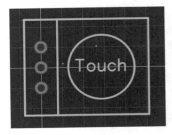

图 1-3-5　触摸板封装

> **说明：**
> 符号中引脚的吸盘要朝向外侧；
> 封装中的物品外形图放置在顶层丝印层。

第五步，将制作好的触摸板符号加入原理图中，如图 1-3-6 所示，选中触摸板符号，点击右侧触摸板符号属性中的封装空白处，弹出封装管理器对话框，右侧位置 3 选择"工作区"，位置 4 选择"我的个人库\全部"，在搜索处的列表中选择刚刚制作好的触摸板封装，封装图即可显示在位置 6 中，核对无误后，选择更新按钮，将做好的封装绑定到符号上去。

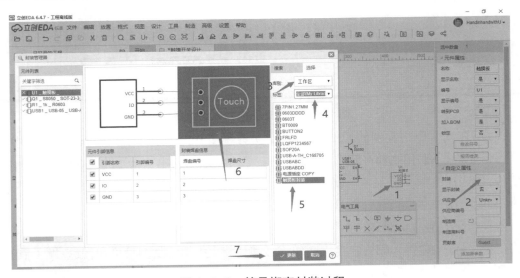

图 1-3-6　符号绑定封装过程

备注：注意观察符号与封装之间引脚的对应关系，符号与封装之间仅用引脚编号关联在一起，因此两者之间的信号顺序要一致。

第六步,元件布局与连线。在原理图中,将各个元件按照电气原理适当摆放,并将对应信号引脚连接到一起,形成如图1-3-7所示电路图。

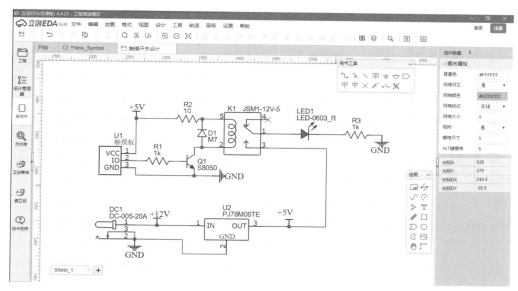

图1-3-7　触摸灯控开关原理图

点击左侧管理器图标,列表中不显示红叉,则表明没有出现明显原则性错误,为了使项目更简单,在不影响使用的前提下本节中未引入电容。

> **思考:**
>
> 1. 网络标号与连线的异同;
>
> 2. R_3 电阻值的确定方法;
>
> 3. LED灯控制电路中,电源从继电器的3和4引脚输入的优缺点,如何灵活设计。

任务1-4　智慧能控触摸灯控开关系统 PCB 图设计

 任务课时

2课时

 任务导入

原理图仅停留在原理的层面,不是具体实物,不能承载真实功能,需要做成PCB后,才能焊接元器件,实现具体功能。

任务目标

使读者掌握触摸灯控开关系统 PCB 图的设计方法，包括原理图转 PCB 图方法、环境参数设置方法、PCB 图边框边界设置方法、PCB 图元件布局布线方法、定位孔放置方法、PCB 检测方法等。

说明：

电路板图纸发送到生产厂家后，可加工成实物电路板，图纸应与实物绝对一致，有尺寸、布局位置等参数，需严格按照需求设计。

第一步，原理图检查确认。在图 1-3-7 中，点击左侧"设计管理器"菜单，弹出如图 1-4-1 所示对话框。

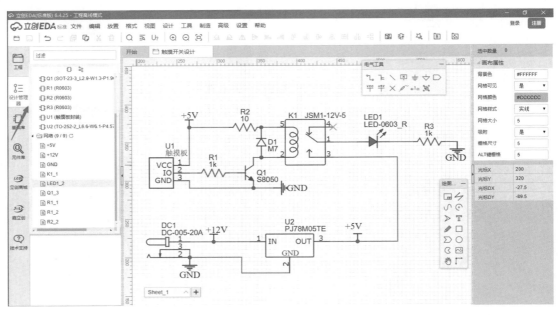

图 1-4-1 原理图检查

说明：

原理图是 PCB 图的基础，要保证原理图的正确性。

设计管理器中列出了原理图中所有元件的清单和所有网络标号，每个元件有两个重要的组成部分，如电容 R1 显示为"R1(R0603)"，R1 为其名称，R0603 表示该元件的封装，两者缺一不可，并且要求元件不能重名，核对上述信息后，再次清点原理图中元件的数量，与设计管理器中元件数量进行对比，没有误差则认为原理图是完善可用的。

第二步，原理图转印刷线路板图。在图 1-4-1 中，点击"设计 \ 原理图转 PCB"菜单，弹出如图 1-4-2 所示对话框，该对话框为向导式 PCB 创建对话框，在该对话框中选择合适的参数，会直接呈现在稍后建立的 PCB 中，如 PCB 的轮廓尺寸及位置、PCB 板层数量、PCB

尺寸所用单位等信息。这些参数在此位置可以很方便地设计好,但未必能一劳永逸,如线路板外形等,可以在后续电路板设计过程中再次修改编辑,因此,初学者在此处不必花费太多心思。

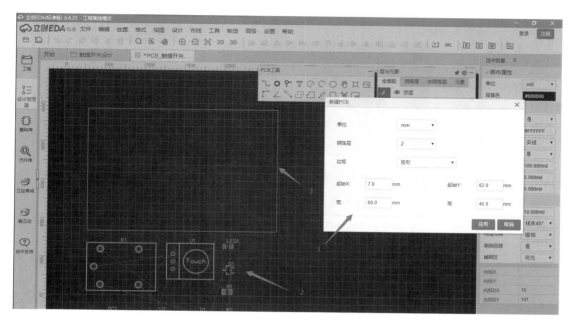

图 1-4-2　原理图转 PCB

> **说明:**
> 　　所有元器件均需要放在紫色边框层封闭空间内,边框层定义了电路板的边界,设计过程中可以先设计边界后布局元器件,也可以先布局元器件后设计边界,这取决于电路板设计有没有外形参数要求;
> 　　蓝色线表示焊盘与焊盘之间需要连接。

　　图纸位置 1 的对话框中,可以设置 PCB 外框边界尺寸及位置,设定效果如位置 3 所示。位置 1 的对话框中,从上往下第一个位置设置图纸中数据所用的单位,一般使用我们熟悉的 mm 为单位;第二个位置设置 PCB 板层数量,单面板已经很少使用,板层越多,价格越高,因此初学者一般选择两层;第三个位置设置边框形状,此处可以默认不变,在稍后的设计过程中修改设计。位置 2 显示所有元件,与原理图中的元件一一对应。

　　第三步,线路板布局与布线。将各个元器件按照连线顺序合理布局,放置固定孔,布线,手动修改线路板边界线,完成如图 1-4-3 所示的图纸,元器件需要根据一定的原则进行布局,常见的原则如下:

　　①综合导线长度最短,尽量缩短布线长度;

　　②按模块布局,通常按照原理图中的模块设计进行 PCB 布局,在同一模块中的元器件在 PCB 中也要靠近;

　　③电源模块靠边、靠角,减少对其他模块的干扰,并方便放置开口向外的电源接插口;

④电容要靠近其滤波的电路引脚位置,越近越好;

⑤尽量工整,能对齐的元器件就对齐,使整体布局更加美观。

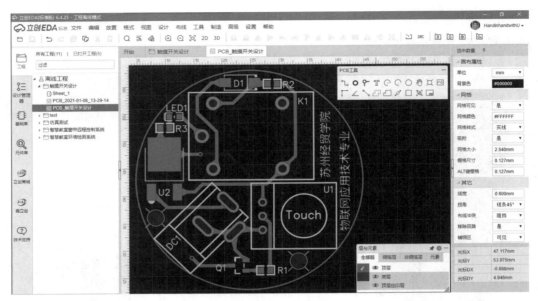

图 1-4-3　线路板图纸

> **说明:**
>
> 思考几个问题,学习几个技巧:
>
> 1. 为什么有红色导线和蓝色导线?
>
> 2. 一条红线被其他红线挡住了去路,怎样穿越?
>
> 3. 焊盘、过孔、通孔的区别是什么?分别有什么用途?
>
> 4. 为什么要加泪滴?
>
> 5. 元器件如何旋转?
>
> 蓝色线表示焊盘与焊盘之间需要连接。

布线也要根据一定的原则进行,常见的原则有:

①综合导线长度最短,尽量缩短布线长度;

②尽量减少线路交叉,减少过孔数量;

③不要出现小于或等于 90°的角度,把电流理解为水流,把电路理解为水管,尽量让电流流得顺畅;

④电源线与信号线尽量分离,电源线一般比信号线粗一些。

第四步,3 D 预览。

3 D 预览可以更清晰直观地观察电路板,发现由于体积、高低、大小等因素造成的不必要干涉问题。点击"视图\3 D 预览"按钮,可以看到类似实物的预览效果,如图 1-4-4 所示。

第五步,检查 PCB。

在图 1-4-3 中点击"制造 /PCB 制板文件"菜单,弹出对话框,提示是否检查电路板 DRC,选择检查,如果线路板没有异常,则弹出如图 1-4-5 所示的对话框。

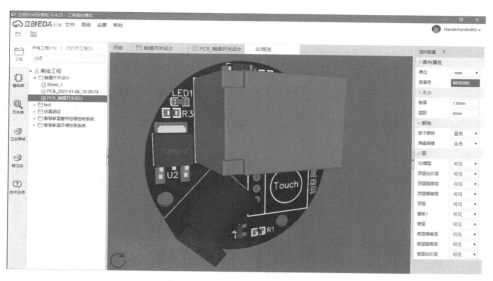

图 1-4-4　线路板 3 D 预览

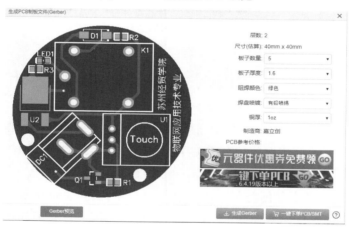

图 1-4-5　检查 DRC 通过

> **说明：**
>
> 1. 鼠标左键按下拖拽可以实现 3 D 图形旋转和反转；
>
> 2. 鼠标右键按下拖拽可以实现 3 D 图形平移；
>
> 3. 通过不同角度观察可以确认不同元器件之间是否有干涉、拥挤、遮挡等问题；
>
> 4. 重点元件属性需要重点关注，比如电源接口如果设计方向朝向继电器，就会
> 导致无法插电源接头；
>
> 5. 元器件如何旋转？
>
> 蓝色线表示焊盘与焊盘之间需要连接。

　　如果电路板中有异常问题，则停留在图 1-4-3 画面中，并且左侧栏直接弹出设计管理器，还会在其中显示相应问题，如图 1-4-6 中，编者故意设计错了两根线路后，出现错误提示。

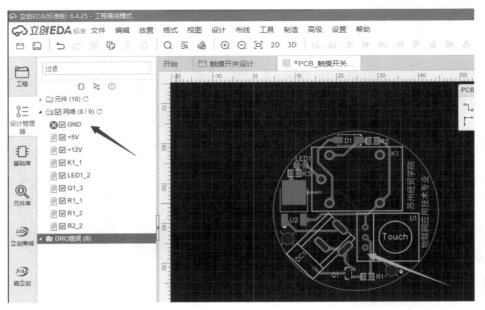

图 1-4-6 检查 DRC 后的错误提示

> **说明：**
>
> 可以利用这个方法快速发现电路板设计的错误，及时更正电路板问题。

第六步，外协加工 PCB。

设计好的 PCB 图纸，仅仅是一份电子图纸而已，需要专业生产公司根据图纸进行加工生产才能得到设计的真实电路板。在图 1-4-5 中，点击"生成 Gerber"按钮后，可指定文件保存位置，即可将电路板的 Gerber 文件保存到指定位置。用户登录嘉立创下单页面或使用下单助手都可以直接在嘉立创公司下达 PCB 加工订单，国内还有捷配等众多 PCB 加工厂家可以下单，在嘉立创 APP 下单（安装 APP 后，注册用户并登录）页面如图 1-4-7 所示。

图 1-4-7 PCB 下单助手

> **说明:**
> "Gerber"文件是线路板加工生产厂家支持的生产源文件类型之一。

在图1-4-7所示画面中,选择"上传pcb文件",将刚刚制作好的Gerber文件上传到APP,这个过程所用时间会根据文件大小和复杂度不同略有不同,稍加等待后,弹出下单参数设定页面一,如图1-4-8所示。

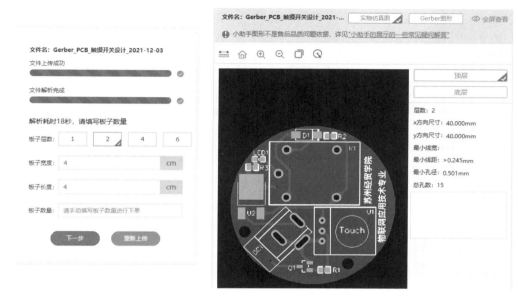

图1-4-8　PCB下单参数设定页面一

> **说明:**
> 板子数量为5或10时为打样,超过20片时,系统会认为是批量生产,两者加工费用不同。推荐5片,否则不享受免费打样服务。

板子层数选择2,板子宽度和长度是系统测量的结果,不用设置,板子数量设定为5,点下一步,弹出下单参数设定页面二,如图1-4-9所示。

在这个页面中需要设定的参数很多,根据参数的不同,可能会涉及少量收费,如杂色费、开票费、快递费等,用户可以酌情处理,比较重要的参数有:

①不确认生产稿,确认需要收费,样板一般不需要;

②板子厚度:一般选择1.6 mm,也可以根据用户需求选择更厚或更薄的板材,板子材质不要选择,否则也要收费,并且影响交付速度;

③阻焊颜色可以适当选择,常规颜色为绿色,如果选择其他颜色会影响交付日期;

④ SMT、是否开钢网两项都选择不需要;

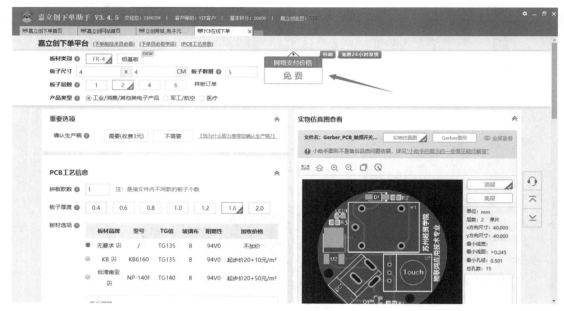

图 1-4-9　PCB 下单参数设定页面二

⑤不同交期订单一起发货(省运费),选择不一起发货;

⑥发货信息中填写收件人地址、联系方式和下单人联系方式等信息,收件人和下单人可以填写一样的信息,也可以填不同的人;

⑦快递方式根据需要选择,一般选择顺丰经济快递,目前免费包邮;

⑧其他选项按照默认方式即可,最后选择确认下单按钮。弹出如图 1-4-10 所示对话框,虽然是 0 元免费,但依然需要点击支付按钮进行支付。

请选择以下方式支付:

1) 直接支付。网络支付价 (不含快递费) : 0元

2) 暂时不支付

生产安排时间(订单越早确认越好,因为能更好的保证你的出货时间)

周一至周六: **上午9:00 - 下午18:00**前确认的当天安排,超出则交期顺延一天。

周日不安排订单生产。

支付

返回订单列表

图 1-4-10　确认下单

点击支付按钮后,在弹出的对话框中选择"生成合同并确认支付"按钮,支付 0 元后下单成功。

第七步,确认订单并等待收货。

点击左侧功能列表中的"PCB 订单列表"选项,主页面中会显示订单列表,如图 1-4-11所示,图中可以看到该订单状态为"已提交厂方",表示下单已经成功。一般不选择杂色的普通样板,次日可以发货,选择了杂色后,需要多等待 1 ~ 3 天时间。

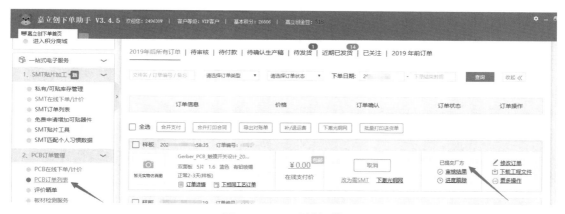

图 1-4-11　确认订单

　　点击下侧的"进度跟踪"按钮，可以随时查看订单的生产进度，当厂家生产完毕并发货后，也可以通过进度跟踪，查看订单的物流进展，及时掌握电路板的运输动态，非常方便，如图 1-4-12 所示。

图 1-4-12　制作及快递进度

任务 1-5　智慧能控触摸灯控开关系统用料采购

任务课时

2 课时

任务导入

　　制作完毕的 PCB 仅仅是一个承载电路的板子，还需要购买元件焊接后才能成为智能硬件，本节只做模拟采购。

任务展开

　　教学进程中所用到的工具、元器件均采用教学耗材的方式，由学校承担，不需要读者出钱购买，但在教学过程中，需要教会读者如何采购到项目所需的元器件。

◆　1-5-1　BOM 整理

　　BOM 是项目所用到的元器件列表的简称，可以通过立创 EDA 一次性导出 BOM，在图 1-4-3 中，点击"制造 / 生产清单(BOM)"菜单，弹出 BOM 导出对话框，如图 1-5-1 所示。

编号	元件名称	编号	封装	数量	制造商料号	制造商	供应商	供应商编号		价格
1	M7	D1	SMA_L4.4-W2...	1	M7	Bourne Se...	LCSC	C266550	分配立创编号	0.0717
2	DC-005-20A	DC1	DC-IN-TH_DC...	1	DC-005-20A	HRO	LCSC	C130239	分配立创编号	0.529
3	JSM1-12V-5	K1	RELAY-TH_JS...	1	JSM1-12V-5	PANASONIC	LCSC	C148306	分配立创编号	12.46
4	LED-0603_R	LED1	LED0603_RED	1	19-217/R6C-AL1M2V...	EVERLIG...	LCSC	C72044	分配立创编号	0.0939
5	S8050	Q1	SOT-23-3_L2...	1	2n3904S-RTK/PS	KEC	LCSC	C18536	分配立创编号	0.0864
6	1k	R1,R3	R0603	2					分配立创编号	
7	10	R2	R0603	1					分配立创编号	
8	触摸板	U1	触摸板封装	1					分配立创编号	
9	PJ78M05TE	U2	TO-252-2_L6...	1	PJ78M05TE	PJ(Pingjin...	LCSC	C411756	分配立创编号	0.7543

导出 PCB BOM

OSHWHub 海量开源项目等你来探索 GO　　土 导出BOM　　购买元件/检查库存　　取消 ⑦

图 1-5-1　BOM 导出

> 说明：
> 名称、封装和数量是采购的三大要素。

　　图 1-5-1 中列出了元器件的典型参数值，比如元件名称、编号、封装、数量等，通过元件

名称可以知道元器件是什么,通过编号可以知道元件是焊接到电路板哪个位置的,通过封装可以知道需要购买什么形状的元件,通过数量可以知道单块电路板上需要采购该元器件的数量,其他参数供参考。

在图 1-5-1 中点击导出 BOM,即可将该表格以 Excel 表的形式保存到电脑的指定位置,采购元器件时可以根据 BOM 表中的参数进行采购。

◆ **1-5-2　典型采购平台**

典型元器件采购平台有立创商城、淘宝、第三方采购商等,企业采购通常使用固定的第三方采购商,可以确保每次采购的一致性,同学们在学习过程中采购少量元器件,可以在立创商城或淘宝上进行采购,以立创商城上采购 1 k 欧姆、0603 封装的普通电阻为例,可以在图 1-5-1 中点击"购买元器件 / 检查库存"按钮直接打开立创商城,打开后在搜索框中填入"1 k 欧姆 0603"关键参数,点击搜索,即可搜索到该平台上的 1 k 欧姆 0603 电阻的列表,如图 1-5-2 所示。

图 1-5-2　立创采购平台

> **说明:**
> 买得越多,均价越低,零买单价会贵很多。

 **任务小结**

　　本节以缩略版触摸灯控开关为示例,快速讲解了智能硬件从电路设计、PCB 设计加工到元器件采购的过程,此过程中,重在展示设计流程,给同学们展示整体设计过程和思路。

任务 1-6　智慧能控触摸灯控开关系统集成

任务课时

4 课时

任务导入

PCB 是元件的载体，也是元件和元件之间的线路连接，PCB 和元器件是分离的，必须集成到一起才能发挥作用，本任务重点讲解如何将元器件集成到 PCB 上。

任务目标

使读者熟悉电烙铁、焊锡丝、镊子等工具的使用方法，初步掌握元件的焊接方法和评测标准，具备线路板焊接的基本功。

任务展开

PCB 线路板焊接通常分为插件元件焊接和贴片元件焊接两种，在工业生产中，贴片元件焊接通常采用锡膏钢网、全自动贴片设备、高温炉等设备，实现高速自动贴片，焊接过程经过涂锡膏、摆元件、过炉、冷却四个主要环节，通常称为回流焊技术；插件元件通常采用人工排放的方式将元器件插入PCB 对应的封装上，排放完毕后送入锡炉，出炉后冷却即可完成焊接，通常称为波峰焊，这个焊接过程的关键步骤是将摆放好元器件的 PCB 贴着沸腾的焊锡溶液波峰经过，实现焊锡在 PCB 与元器件引脚之间的焊接。

实验室中或教学中，通常采用手动焊接的方式实现电路板焊接，手动焊接方式也是模仿机器焊接的工艺，经过元件摆放、用电烙铁融化焊锡丝并涂到需要焊接的位置、冷却等步骤，本项目重点讲解电烙铁的使用方法及评测依据。

◆　1-6-1　焊接常识

1. 焊接浸润

焊接的物理基础是"浸润"，浸润也叫"润湿"。要解释浸润，先从荷叶上的水珠说起：荷叶表面有一层不透水的蜡质物质，水的表面张力使它保持珠状，在荷叶上滚动而不能摊开，这种状态叫作不能浸润；反之，假如液体在与固体的接触面上摊开，充分铺展接触，就叫作浸润。锡焊的过程，就是通过加热，让铅锡焊料在焊接面上熔化、流动、浸润，使铅锡原子渗透到铜母材（导线、焊盘）的表面内，并在两者的接触面上形成 Cu6-Sn5 的脆性合金层。

在焊接过程中,焊料和母材接触所形成的夹角叫作浸润角,如图1-6-1中的θ。图1-6-1(a)中,焊料与母材没有浸润,不能形成良好的焊点;图1-6-1(b)中,焊料与母材浸润,能够形成良好的焊点。仔细观察焊点的浸润角,就能判断焊点的质量。浸润角是评测焊接质量的重要依据,好的焊接要求焊点饱满但不臃肿,圆润无毛刺。

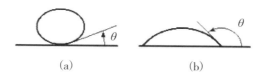

图 1-6-1　焊接浸润

2. 焊接基本要求

如果焊接面上有阻隔浸润的污垢或氧化层,不能生成两种金属材料的合金层,或者温度不够高使焊料没有充分熔化,都不能使焊料浸润。进行锡焊,必须具备的条件有以下几点。

1)焊件必须具有良好的可焊性

所谓可焊性是指在适当温度下,被焊金属材料与焊锡能形成良好结合的合金的性能。不是所有的金属都具有好的可焊性,有些金属如铬、钼、钨等的可焊性就非常差;有些金属的可焊性就比较好,如紫铜、黄铜等。在焊接时,由于高温使金属表面产生氧化膜,会影响材料的可焊性。通常PCB焊盘的表面会镀一层锡,元件的引脚表面会做特殊处理,较贵重的芯片会镀银甚至镀金,以保证其具有良好的可焊性。

2)焊件表面必须保持清洁

为了使焊锡和焊件达到良好的结合,焊接表面一定要保持清洁。即使是可焊性良好的焊件,由于储存时间久或被污染,都可能在焊件表面产生对浸润有害的氧化膜和油污。在焊接前务必把污膜清除干净,否则无法保证焊接质量。金属表面轻度的氧化层可以通过焊剂作用来清除,氧化程度严重的金属表面,则应采用机械或化学方法清除,例如进行刮除或酸洗等。

3)要使用合适的助焊剂

助焊剂的作用是清除焊件表面的氧化膜、防止焊接过程中由于高温影响焊接表面或焊锡迅速氧化。在焊接印制电路板等精密电子产品时,为使焊接可靠稳定,通常采用以松香为主的助焊剂。一般是用酒精将松香溶解成松香水使用。

4)焊件要加热到适当的温度

焊接时,热能的作用是熔化焊锡和加热焊接对象,使锡、铅原子获得足够的能量渗透到被焊金属表面的晶格中而形成合金。焊接温度过低,对焊料原子渗透不利,无法形成合金,极易形成虚焊;焊接温度过高,会使焊料处于非共晶状态,加速焊剂分解和挥发速度,使焊料品质下降,严重时还会导致印制电路板上的焊盘脱落。

需要强调的是,不但焊锡要加热到熔化,而且应该同时将焊件的引脚局部迅速加热(否则可能损伤元器件本体)到能够熔化焊锡的温度。

5)合适的焊接时间

焊接时间是指在焊接全过程中,进行物理和化学变化所需要的时间。它包括被焊金属达到焊接温度的时间、焊锡的熔化时间、助焊剂发挥作用及生成金属合金的时间几个部分。当焊接温度确定后,就应根据被焊件的形状、性质、特点等来确定合适的焊接时间。焊接时间过长,易损坏元器件或焊接部位;焊接时间过短,则达不到焊接要求。

3. 焊接前的准备——沾锡

沾锡实际就是液态焊锡对被焊金属表面浸润,形成一层既不同于被焊金属又不同于焊锡的结合层。由这个结合层将焊锡与待焊金属这两种性能、成分都不相同的材料牢固连接起来。为了提高焊接的质量和速度,避免虚焊等缺陷,应该在装配以前对焊接表面进行可焊性处理:沾锡。在电子元器件的待焊面(引线或其他需要焊接的地方)镀上焊锡,是焊接之前一道十分重要的工序,尤其是对于一些可焊性差的元器件,沾锡更是至关紧要的。

在手动焊接贴片元件时,通常先在元件的某一个焊盘引脚上沾锡,使该焊盘上留存足够的焊锡,方便一边摆放元件,一边将元件通过该焊盘焊接固定到 PCB 上。

4. 手工烙铁焊接的基本技能

使用电烙铁进行手工焊接,掌握起来并不困难,但是又有一定的技术要领,一般从四个方面提高焊接的质量:材料、工具、方法、操作者。其中最主要的是人的技能。没有经过相当时间的焊接实践和用心体验、领会,就不能掌握焊接的技术要领;即使是从事焊接工作较长时间的技术工人,也不能保证每个焊点的质量完全一致。只有充分了解焊接原理再加上用心实践,才有可能在较短的时间内学会焊接的基本技能。初学者应该勤于练习,不断提高操作技艺。

1)焊接操作的正确姿势

掌握正确的操作姿势,可以保证操作者的身心健康,减轻劳动伤害。为减少焊剂加热时挥发出的化学物质对人的危害,减少有害气体的吸入量,一般情况下,烙铁到鼻子的距离应该不少于 20 cm,通常以 30 cm 为宜。

2)电烙铁及焊锡丝的正确握法

电烙铁有三种握法,如图 1-6-2 所示,反握法的动作稳定,长时间操作不易疲劳,适于大功率烙铁的操作;正握法适于中功率烙铁或带弯头电烙铁的操作;一般在操作台上焊接印制板等焊件时,多采用握笔法,笔握法适于中小功率台面焊接操作,动作精准。

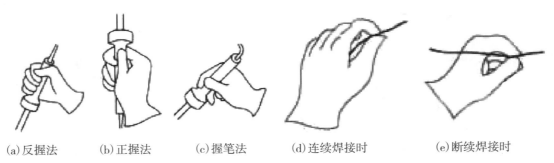

(a)反握法　　(b)正握法　　(c)握笔法　　(d)连续焊接时　　(e)断续焊接时

图 1-6-2　电烙铁(左)和焊锡丝(右)握法

电烙铁使用过后,一定要稳妥地插放在烙铁架上,并注意导线等其他杂物不要碰到烙铁头,以免烫伤导线,造成漏电等事故。

焊锡丝一般有两种拿法,如图1-6-2(d)、(e)所示,由于焊锡丝中含有一定比例的铅,而铅是对人体有害的一种重金属,因此操作时应该戴手套或在操作后洗手,避免食入铅尘。

5. 插件焊接操作的基本步骤

掌握好电烙铁的温度和焊接时间,选择恰当的烙铁头和焊点的接触位置,才可能得到良好的焊点。正确的手工焊接操作过程可以分成五个步骤,如图1-6-3中以金属杆上焊接金属导线为例进行说明。

步骤一:准备施焊[见图1-6-3(a)]。

插件物品准备,左手拿焊丝,右手握烙铁,进入备焊状态。要求烙铁头保持干净,无焊渣等氧化物,并在表面镀有一层焊锡。

步骤二:加热焊件[见图1-6-3(b)]。

烙铁头靠在两焊件的连接处,加热整个焊件全体,时间为1~2 s。对于在印制板上焊接元器件来说,要注意使烙铁头同时接触两个被焊接物。例如,图1-6-3(b)中的导线与接线柱、元器件引线与焊盘要同时均匀受热。

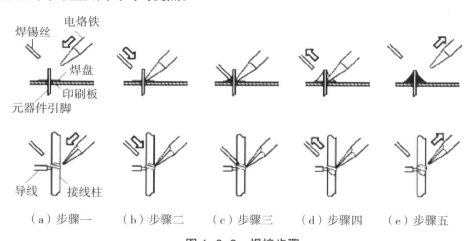

（a）步骤一　（b）步骤二　（c）步骤三　（d）步骤四　（e）步骤五

图1-6-3　焊接步骤

步骤三:送入焊丝[见图1-6-3(c)]。

焊件的焊接面被加热到一定温度时,焊锡丝从烙铁对面接触焊件。

步骤四:移开焊丝[见图1-6-3(d)]。

当焊丝熔化一定量后,立即向左上45°方向移开焊丝。

步骤五:移开烙铁[见图1-6-3(e)]。

焊锡浸润焊盘和焊件的施焊部位以后,向右上45°方向移开烙铁,结束焊接。从第三步开始到第五步结束,时间也是1~2 s。

6. 贴片元件焊接

贴片元件重量较轻,容易被融化的焊锡黏住,因此焊接时需要用镊子固定好,直到一个以上的焊点焊接完毕后才能松开镊子。下面以焊接一颗电容为例进行说明。

步骤一:准备待焊接PCB,如图1-6-4所示。

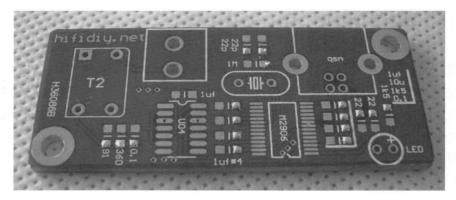

图 1-6-4　焊接步骤一

　　在 PCB 需要焊接电容的一端焊盘位置沾锡,切记不能两端及两端以上沾锡,这样会使元件摆放时被锡架空,从而导致元件不能贴合 PCB,高低不一,不但影响美观,还会使电路板容易受损。

　　步骤二:准备焊接工具和材料,如图 1-6-5 所示。

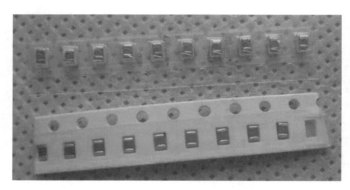

图 1-6-5　焊接步骤二

　　焊接工具包括镊子、电烙铁、焊锡丝等。查阅线路板原理图及 PCB 图纸,准备与之匹配的 1 UF0603 封装的电容,并将电容从包装中取出。

　　步骤三:用镊子夹起电容并移动到需要焊接的封装上方,如图 1-6-6 所示。

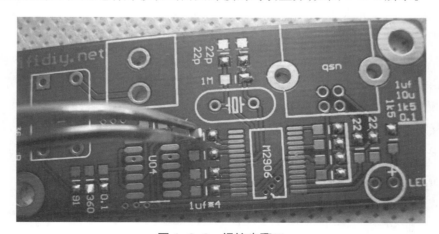

图 1-6-6　焊接步骤三

注意不要找错位置，线路板上的每个封装上，都要焊接特定的元器件，放错后，可能会导致线路板无法工作，甚至损坏线路板。

步骤四：焊接一端，如图1-6-7所示。左手拿稳镊子，将电容靠近焊盘沾锡的位置，右手拿稳电烙铁，以45度角靠近焊盘沾锡的位置，观察焊盘上的焊锡，待其融化成液体时，左手将电容送到焊盘上，排放好后保持左右不动，右手控制电烙铁以45度角移开，等待焊盘上的焊锡冷却固化后，左手将镊子松开不再夹紧电容，移开镊子，此时电容已经被牢牢地固定在线路板上了。

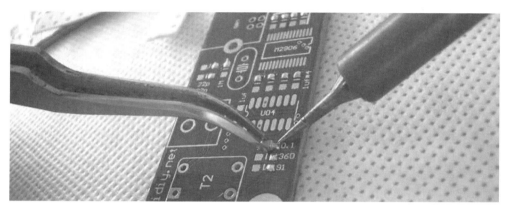

图1-6-7　焊接步骤四

步骤五：焊接另一端，如图1-6-8所示。旋转线路板，使电容未焊接的一端朝向自己，方便焊接操作，左手拿住焊锡丝，送入未焊接的电容焊盘位置，然后右手拿稳电烙铁，以45度角将烙铁头送到焊盘处，快速将焊锡丝融化并浸润到焊盘上，同时移走焊锡丝和电烙铁，等待冷却后即焊接完毕。

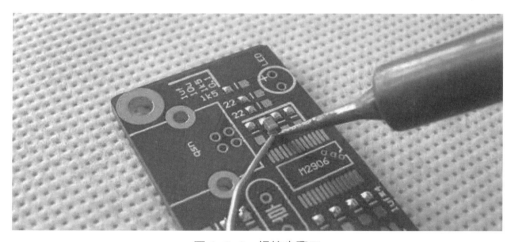

图1-6-8　焊接步骤五

7. 焊接技巧

掌握了焊接技巧，可以提高焊接质量和焊接速度，事半功倍，下面介绍几个简单、常见的焊接技巧。

(1)采用批量化焊接思维,所有元件焊盘一次性沾锡完毕,然后将同一类型的所有元件焊接一端,之后依次将所有元件焊接另一端,最后一次性将所有元件的剩余焊盘焊接完毕,这样就省去了取、放焊锡丝及电烙铁的时间,大大提高了焊接效率。

(2)电烙铁上保持清洁,焊锡丝和电烙铁同时靠近焊盘,短暂时间内,焊锡丝内的松香成分会起到助焊剂的作用,保证高温液态锡具有良好的浸润效果,如果时间较长,容易出现焊锡毛刺等问题。

(3)在焊接较为密集的芯片引脚时,不必在意引脚之间的暂时黏结,使用马蹄形烙铁头,并配合松香水等助焊剂,可以轻松解决黏结问题。

(4)焊接LED等元器件时,要把握好焊接时间,这类元件怕热,当持续受热时,LED的外壳会融化变形甚至碳化变黑,从而引起内部线路损伤。

(5)胆大心细,勇于实践,在反复焊接中锻炼焊接技能。

> **说明:**
    不推荐使用松香,有时会起反作用。

8. 电烙铁养护

在电路板焊接过程中,特别是刚接触焊接,没有掌握好焊接技术的同学们,经常会遇到电烙铁头越用越黑、越来越不沾锡、越来越感觉焊锡不融化的现象,优秀的焊工常用的电烙铁头是非常光亮、洁净的。

电烙铁头变黑原因:电烙铁长时间开启,电烙铁头处于高温状态,在不使用或不正常使用时,电烙铁头会与空气中的氧气发生化学反应,这一反应也称为金属的氧化反应,金属氧化物呈黑色或灰色,而且金属氧化物一般不与其他金属相容,因此焊锡及时融化,也不会沾到电烙铁头上,造成焊锡不融化的假象,用户会感觉焊锡无法融化,很难焊接。

处理方法:将电烙铁关闭,等温度下降到常温时,用锉刀等工具将电烙铁头的表层氧化物打磨干净,然后打开电烙铁,在电烙铁头温度缓慢上升的过程中,取一根焊锡丝,缓慢融化到电烙铁头的表面,由于焊锡丝内含有一定量的助焊剂,可以延缓或防止电烙铁头的氧化,等电烙铁头的表面均匀沾满焊锡的时候,将电烙铁头放在吸水海绵上摩擦,取出表面多余的焊锡,然后再次用焊锡丝向电烙铁头上涂满焊锡,反复三次以上,电烙铁头会变得光亮,而且非常容易沾锡,这也是电烙铁头的养护方法之一。

注意事项:不使用时,电烙铁不宜长时间开机;电烙铁在使用过程中,要随时在沾水海绵上摩擦,取出表层物质;焊接时,要经常让电烙铁头接触到焊锡,起到养护的作用。

◆ **1-6-2 系统焊接集成**

1. 电路板准备及处理

在任务1-4中制作好了项目中所需的PCB图纸,并发给厂家生产,稍等几天后就可以拿到的电路板实物,刚制作回来的电路板一般没有表面氧化现象,因此直接取出电路板,擦除表面的灰尘,即可进行焊接,如图1-6-9所示。

图1-6-9　电路板准备

2. 元器件准备

在任务1-5中,项目所需元器件的列表以BOM表的形式已经导出完毕,并在相关采购平台进行了模拟采购,采购结束后稍等几天,就会收到卖家发来的电子元件,按照需要焊接的电路板数量,准备好所需的电子元件实物,如图1-6-10所示。

图1-6-10　电子元件准备

> **说明：**
> 温度太高容易烫坏电子元件,温度太低不容易将焊锡彻底液化,因此要适当提高焊接温度,但要快速焊接,电烙铁与元件接触时间越短越好。

3. 焊台准备

在桌面上铺好绝缘隔热垫,戴好防静电手环(防止人体静电击坏精密电子元件,项目中如果没有怕静电的精密元件,可以不戴防静电手环,但需要在焊接前用手摸一下金属导体,充分释放人体静电后再进行焊接)。

将电烙铁头更换成刀头,通电加热,设置恒温温度为350℃,等待电烙铁温度上升并保持在350℃;将海绵用水浸泡膨胀,并拧除水分,用于擦拭电烙铁头上的杂物,准备好后的焊台如图1-6-11所示。

图1-6-11　焊台准备

4. 贴片元件沾锡

由于人工焊接用的焊料是固态的焊锡丝,不能直接涂抹在焊盘上,而且焊锡丝融化并涂到焊盘上后,一旦电烙铁移除,焊锡会迅速凝固,如果贴片元件的所有焊盘都用焊锡丝沾锡,则在摆放元件的时候,元件会被固态的焊锡支撑起来,导致贴片元件无法贴在电路板表面,焊接完毕后,元件高低不平,甚至横七竖八,容易因碰撞导致贴片元件断裂,因此在人工焊接时,沾锡只沾每个贴片元件的一个焊盘,沾锡后如图1-6-12所示。

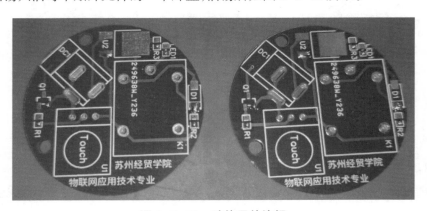

图1-6-12　贴片元件沾锡

5. 贴片元件排放

贴片元件摆放要实现两个目的:摆放到位、固定。在焊接过程中,需要移动电路板和电烙铁,为了避免移动过程中导致摆放到位的元件误移动,需要在摆放的过程中顺便将元件固定起来;沾锡后,焊盘上留下固态的焊锡,因此摆放元件时,需要再次融化焊锡,因此,元件的摆放要两个手配合,左右开弓,左手拿镊子,用镊子取一颗贴片元件,右手拿电烙铁,用电烙铁将对应位置的焊锡融化,左手迅速将元件放置到位并保持不动,右手迅速移除电烙铁,等焊盘上的焊锡固化后,左手移除镊子,此时贴片元件就被焊锡固定到了焊盘上,所有贴片元件摆放完毕后,如图 1-6-13 所示。

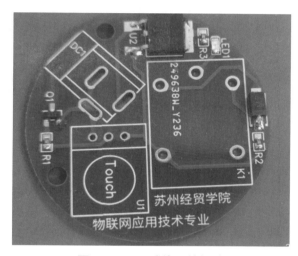

图 1-6-13　贴片元件摆放

> **说明:**
> 将摆放与焊接流程分开。
> 学习机器焊接的过程,分步骤流程化操作,可以提高焊接速度,特别是在批量焊接时,提高效率比较明显。

6. 贴片元件焊接

在元件摆放的环节,已经将各个贴片元件摆放到预定位置,并焊接了一个焊盘,在焊接环节中,将每个元件的其他引脚焊接完毕,焊接过程中,要注意不要碰到其他元器件,防止暴力破坏。

7. 插件元件摆放及焊接

插件元件由于个头较高,每个元件的高度可能都不一致,而且,插件元件一般需要在背面焊接,因此插件元件在进行手动焊接时,为了能够稳定支撑元件,要按照元件从低到高的顺序焊接。摆放好一类元件后用手按住元件,反转电路板后放置在焊台上,此时插件元件支撑电路板,需确保电路板不会倒塌,然后用电烙铁将每个插件元件的一个引脚焊接到电路板上;焊接完毕后,左手拿着电路板,用手支撑某个插件元件,右手拿电烙铁,融化焊接好的引脚上的焊锡,左手灵活动作将元件摆正,右手移除电烙铁,等待焊锡固化后,将其他插件元件摆正;将电路板反面朝上放置在焊台上,逐个元件焊接好;剪切掉背面元件的引脚,焊接完毕的电路板如图 1-6-14 所示。

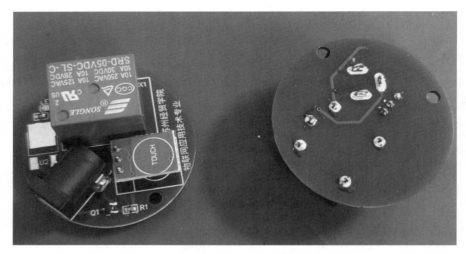

图 1-6-14　焊接完毕

> 说明:
> 确认之前不要通电测试,否则可能会烧坏电路板。

8. 后处理

检查每个元器件是否与其标号位置对应,是否有放错位置的元器件,特别是不同类型的元器件一定不能放错;检查确认每个元件是否有虚焊、漏焊、短路等情况,如果有及时补正。

◆ **1-6-3　系统故障推理**

系统焊接、检查完毕后,加电测试,可能发生的故障现象为指示灯点亮,触摸板触摸没有反应,针对这一故障,可以从以下几个步骤展开故障点诊断及故障推理:

> 说明:
> 以原理图为基础,以故障现象为线索展开原理性分析,配合万用表等工具,可以迅速找到故障点并进行维修,参考图 1-3-7。

第一步,检查系统有没有电,用万用表检测 7805 的输入和输出是否正常,如果不正常,则检查电源插口位置是否焊接良好,插头和插孔是否紧配,这个故障通常是插头和插孔不匹配,换一个电源模块即可。

第二步,如果系统供电正常,则用手触摸触摸板,仔细听继电器是否有吸合或断开的声音,如果有,则说明故障出在被控端一侧,按第三步处理;如果听不到声音,则按第四步处理。

第三步,检查继电器吸合和断开时,指示灯与继电器的连接一端是否有电源输出,如果没有,则继电器已坏,更换继电器;如果有输出,则说明指示灯或电阻未焊接良好或损坏,更换指示灯和电阻即可修复。

第四步,如果触摸触摸板未听到继电器声音,则说明故障出在继电器的被控一侧或继电器损坏,用万用表检测触摸板的信号输出引脚,观察有没有信号输出,如果没有信号输出,则触摸板损坏,更换触摸板;如果有输出信号,则说明故障出现在三极管控制电路或继电器上,按第五步处理。

第五步,使用镊子,短接三极管的 C、E 两极,观察继电器是否有声音,如果有声音,说明三极管损坏或三极管 B 极电阻损坏,更换这两个元件,即可修复;如果继电器仍然没有动作,则说明继电器损坏或线圈串联的 10 Ω 电阻损坏,更换损坏元件即可修复故障。

任务 1-7 智慧能控触摸灯控开关系统验收交付

任务课时

1 课时

任务导入

系统设计制作完成后,需要向用户交付产品,交付时需要有明确的验收细则和验收标准,这些内容与系统设计任务书中的技术指标相呼应,能实时验证的指标要甲乙双方共同见证验证过程,不能实时验证的指标,可写入质保范围,以确保用户使用无忧。

> **说明:**
验收过程也是系统运行的过程,逐个功能点进行验证,验收视频可以扫码查看。

任务目标

使读者能编制系统验收细则和验收标准,在双方见证后,甲乙双方签字盖章,作为项目收工的重要存档材料。在教学实施中,可以将功能演示给老师看,老师给予打分评定。

任务展开

验收细则一般与验收标准相对应,在每个验收项后,由乙方客户在验收结果栏签署是否合格意见,如有不合格的验收项,需要在验收结果中明确标明,并在备注区书面约定措施,作为二次验收的依据。

表 1-7-1 所示为智慧能控触摸灯控开关系统设计验收细则及标准。

表 1-7-1　智慧能控触摸灯控开关系统设计验收细则及标准

项目甲方：××××学院智慧校园服务中心

项目乙方：智能硬件设计工作室

项目简介：

　　××××学院智慧校园建设工程的智慧能控项目中，需要对黑板照明灯进行人工控制，要求不能采用机械式按键或闸刀的方法，推荐使用触摸板的形式实现；照明灯为 220 VAC60 W LED 灯；每次触摸后，灯的状态反转，亮变灭，灭变亮

验收细则	验收标准	验收结果
1. 供电输入	应能使用 9 ~ 12 VDC 供电，无明显发烫、电磁杂声、触电感等异常现象	
2. 工作环境	应能在温度为 –10 ~ 80℃，湿度 <90% 且无结露、无凝霜情况下正常工作	
3. 交互方式	使用电容式触摸按键，触摸按键与操作人员手指之间加一层玻璃，每 5 秒按一次按键，连续使用 5 分钟，间隔 30 分钟后再次做同样测试，两次均未发现异常时，则认定通过	
4. 开关容量 ≥ 100 W、220 VAC、非感性负载	使用触摸灯控开关系统控制一盏 LED 灯亮灭，每分钟进行一次亮灭切换，运行一小时无异常，则认定通过。考虑到实验的安全性，不做 220 VAC 演示，仅以继电器容量作为验收参数	
5. 开关频率 ≤ 1 Hz	每秒按一次按键，观察 LED 灯是否能按预定动作执行，每组连续确认 10 次，测试 6 组未发现异常，则认定通过	
6. 故障率 ≤ 0.01%	交付 10 套成品，用户试用 15 天，未发现异常则认定通过；如果用户反馈有异常，有视频取证超过故障率或者以用户的方式测试 500 次，故障次数 ≤ 5 时，认定通过，否则不通过	
7. 系统单价	根据系统原理图或 PCB 图纸导出的 BOM 表，向相关第三方供应商询价后，系统总价不高于 50 元 / 套，则认定通过	
8. 外观	无损伤，无违法、违规的字样或图示等信息，符合任务书中的外观设计要求，则认定通过	
9. 其他	酌情验证，如有异议，请在备注处书面标明，并填写现场验收意见	

备注：

　　1.

　　2.

　　3.

　　4.

甲方代表签字盖章：　　　　　　　　　　　　乙方代表签字盖章：

　　　　日期：　　　　　　　　　　　　　　　　　日期：

　　验收全部通过，是项目完结的重要标志，也是处理日后维保的重要依据之一，双方需要认真对待，甲乙双方在签订设计任务书时，就应该考虑验收细则和验收标准，否则在交付中会遇到理解不一致、验收成果意见不一致的状况，从而形成双方矛盾，影响合作。

任务 1-8 **行业拓展案例 智慧宿舍雨滴报警系统设计**

 任务课时

2 课时

 任务导入

在项目一中的触摸灯控开关，可以理解为一种特殊的传感器，它可以获取用户的触摸动作，在智慧宿舍雨滴报警系统中，需要一个能检测窗外是否下雨的传感装置，感应到后，控制继电器闭合，从而控制报警器报警。

 任务目标

智慧宿舍雨滴报警系统，与智慧能控触摸灯控开关系统非常相似，原理相似，控制思路也相似，以此作为举一反三的实践内容，让同学们在反复练习的过程中，掌握智能硬件设计的一般思路和方法，掌握基本技能。

任务展开

1-8-1 书写智慧宿舍雨滴报警系统设计任务书。

1-8-2 设计智慧宿舍雨滴报警系统原理图。

1-8-3 设计智慧宿舍雨滴报警系统 PCB 图。

1-8-4 智慧宿舍雨滴报警系统设计报告。

水漫监测方案：

市面上目前有很多雨滴检测的传感器，常用的雨滴传感器如图 1-8-1 所示。

图 1-8-1 常用的雨滴传感器

该类传感器一般为电阻型传感器,当雨滴落到感应板上,因雨水具有一定的导电性,从而影响了感应板上两个极板之间的电阻值大小,感应板输出不同电阻值对应的特定电压模拟量,也可以输出一个开关量信号,当电阻值大于一个特定设定值时,输出高电平,反之输出一个低电平,借助这个特性,就可以检测感应板所在位置是否在下雨。

 任务考核

（1）要求读者能提交一份 500 字左右，图文并茂的设计说明文档，能正确表述其设计原理。

（2）能设计出系统原理图和线路板 PCB 图纸。

（3）能书写任务书、验收细则及验收标准。

任务 1-9　行业拓展案例　家庭小夜灯开关设计

 任务课时

1 课时

 任务导入

家庭小夜灯开关系统与智慧能控触摸灯控开关原理相似，控制电压等级不同，小夜灯可以直接使用 5 V LED 灯，需要重新设计控制电路，检测的对象也从触摸板变成一个可以识别特定光照度界限的传感器，因此需要费点心思。

 任务目标

设计一个可以感应光线强度的智能小灯，白天不亮，晚上亮起，光线不能太强，否则影响睡眠，光线也不能太弱，会不起作用，与智慧能控触摸灯控开关系统有相似之处，也有根本不同，以此作为触类旁通的实践内容，让同学们在反复练习和递进思考的过程中，掌握智能硬件设计的一般思路和方法，掌握基本技能。

 任务展开

1-9-1　设计家庭小夜灯开关系统原理图；

1-9-2　设计家庭小夜灯开关系统 PCB 图。

方案提示：

在举一反三环节，教师会进行方案指导，在触类旁通环节，教师不进行技术引导，由读者自主查阅资料，完成系统设计，只要合理即可，可以从以下两个方面思考：

①太阳能板；

②光敏电阻。

 任务考核

（1）要求读者能提交一份 200 字左右，图文并茂的设计说明文档，能正确表述其设计原理。

（2）能设计出系统原理图和线路板 PCB 图纸。

项目二

智慧能控远程断路器系统设计

项目以智慧能控应用场景下远程控制断路器需求为主导，通过编写项目任务书、知识点强化、原理图设计、PCB 设计加工、系统集成调试、程序编写调试、系统验收交付等设计环节，详细讲解了由程序控制的智能硬件设计流程，其中包括温度传感器（模拟型）信号的处理方法、按键（数字型传感器）的信号处理方法、基本继电器控制及 RS232 通信接口的开发方法。通过项目的讲解和实操，能快速掌握智能硬件设计的基本方法及关键元器件基本原理及设计思路；通过举一反三及触类旁通行业相关项目的练习，可以掌握制作由简单程序控制的智能硬件设计与调试的基本方法，为后续项目设计奠定基础。

> **说明：**
> 程序是智能硬件的灵魂，硬件是智能硬件的躯体，单片机是智能硬件的大脑。

任务 2-1　智慧能控远程断路器系统设计任务书

任务课时

1 课时

任务导入

　　远程控制断路器是智慧能控系统的重要组成部分，断路器可以根据远程指令控制通断，也可以根据温度传感器感知周围温度，实现超温自动断电功能，还可以通过本地按键实现通断电状态切换。

任务目标

　　设计一款符合要求的远程断路器智能硬件产品，学习按键、传感器、通断电控制等电路的设计方法，掌握单片机最小系统的设计方法，理解自动控制的原理，并学习控制程序的编写、调试方法；学习智能硬件的故障推理、诊断方法；学习并掌握确定故障点后的板级维修方法。

　　逻辑框架：远程断路器逻辑图如图 2-1-1 所示。

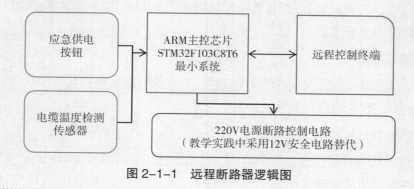

图 2-1-1　远程断路器逻辑图

> **说明：**
> ARM 是一种单片机内核技术，也可以理解为一种指令集，不代表某个特定的单片机。

◆　2-1-1　智慧能控远程断路器系统项目需求分析

　　智慧能控系统中的远程控制断路器，是一款具备远程控制接口的智能断路控制器，能根据远端发来的指令,自主控制电路的通断状态,也能根据断路器内的温度传感器,实现超温自动断电功能,可以有效防止火灾的发生,也可以由用户主动按键后切段电源供给。

分析系统功能包括以下几点:

1. 对外远程能力

项目设计中,应该设计智能硬件的对外接口、制定功能完备的通信协议、设计必要的功能指令。在教学实践中,为了便于操作实践,通信接口统一要求采用串口 232 形式,硬件连接采用 DB9 接口,方便插接。

2. 电路通断控制功能

电路通断控制电路应能支持 250 VAC、10 A 以下的交流电或 30 VDC、10 A 以下的直流电控制,在教学演示过程中,可以使用 5 V 低压 LED 灯的开关控制替代大功率电路通断演示,确保调试过程的安全性。

3. 可展示性

远程断路器的状态包括正常通电、远程接口断电、按键断电、超温断电等多种状态,因此系统中应该设计四个以上状态指示灯,为了增加趣味性,系统中设计由 8 个指示灯组成的环形灯带,按键通电时指示灯组顺时针旋转、按键断电时指示灯组逆时针旋转、接口通电时指示灯 1 单灯闪烁、接口断电时指示灯 8 单灯闪烁。

4.MCU 智能控制

MCU 又叫单片机,是整个系统的控制核心,是整个系统的大脑部分。项目中选择 STM32F103C8T6,选择该型号单片机主要有两种考虑:其一,该单片机应用广泛、接口丰富、性价比高;其二,入门难度低,该型号单片机可以采用 CubMX 等工具直接生成目标代码,稍做业务处理即可完成设计。

5. 温度感知能力

项目中采用热敏电阻感知周围环境的温度,当电路局部发热引起周围环境的温度异常时,及时断开电路,可以有效避免火灾的发生。

6. 用户操作感知能力

用户应该可以随时通过按键等手段,手动断开电路,如节假日等时间段,用户可以自行断电。项目中采用板载按键实现。

7. 电源输入

系统采用 12 VDC 电源供电,在电路板中应该设计 12 VDC 接口,并且设计 12 V 转 3.3 V 的电源转换电路。

8. 扩展性

为了便于扩展该电路板的使用范围,便于日后同学们用于毕业设计等,要求将单片机的所有 I/O 口均以排针的方式引出,将控制系统扩展成为开发板。

◆ 2-1-2 智慧能控远程断路器系统设计任务书

制作设计任务书的目的是将客户需求用技术指标明确化,便于快速、准确理解项目真实需求;有针对性地快速形成解决方案;将验收细则条目化,避免因理解偏差造成的扯皮事件发生。任务书最重要的是双方的权责划分,甲方明确付款步骤和义务权责,乙方明确技术指标和设计周期,根据 2-1-1 小节的需求分析,设计任务书的编写如表 2-1-1 所示。

表 2-1-1 智慧能控远程断路器系统设计任务书

项目名称:智慧能控远程断路器系统
项目甲方:××××学院智慧校园服务中心 项目乙方:智能硬件设计工作室
项目简介: 　　××××学院智慧校园建设工程的智慧能控项目中,需要每个宿舍、教室等用电网格内的电能供给实现远程控制:核心控制芯片采用 STM32F103C8T6;具备远程控制接口;用户可以进行自动断电操作;系统应该具有局部环境温度监控能力,并在出现高温时,实现自动断电保护;兼顾读者的毕业设计等
技术指标: 　　(1)远程通信方式:串口 232、DB9 标准接口; 　　(2)手动控制方式:按键; 　　(3)控制效果:通信优先控制,通信可以实现电路接通或断开,端口通信后,无法实现手动接通操作;在没有接口通信方式断电的情况下,可以实现手动接通和手动断开操作,每次按键后,交换通电状态; 　　(4)控制频率:通断电频率 ≤ 1 Hz 情况下,系统应该能及时响应远程指令,不能误动作或不动作; 　　(5)高温保护:当温度高于 50 ℃时,系统自动断电,优先级高于通信控制,只有当温度恢复正常时,才能通过通信或手动方式恢复供电; 　　(6)故障率:系统应稳定运行,故障率 ≤ 0.01%; 　　(7)供电输入:5 VDC,采用 TypeC 接口,可由充电宝供电; 　　(8)控制指令:应包含停电、断电等功能指令; 　　(9)扩展性:兼顾读者毕业设计使用,引出所有 I/O 口,并板载一个光照传感器,软件可以暂不支持该功能; 　　(10)系统单价:≤ 90 元 / 套; 　　(11)工作环境:温度 -10 ~ 80 ℃;湿度 <90%,无结露、无凝霜; 　　(12)使用寿命:≥ 1 年; 　　(13)特殊说明:项目不含外壳模具设计,无须考虑外壳造型
周期与费用: 　　开发费用总计十三万元人民币(书中所列价格均不是实际成交价,仅做格式参考),开发周期为 20 个工作日,启动资金入账日为项目启动日期;项目启动时,甲方支付乙方 40% 费用作为启动资金,项目通过验收后,支付总费用的 50% 款项;一年后,支付 10% 质保金尾款。 　　甲乙双方根据上述技术指标(除第 10 项)进行项目验收,如果乙方开发的产品无法通过甲方验收,乙方须返还甲方已支付的启动资金,项目自动终止;如果甲方验收通过但无法在 3 个工作日内支付对应款项给乙方,须按日支付违约金给乙方,每日违约金为总款项的 0.1%;未尽事宜双方诚意协商,协商不成则委托当地人民法院依法处理
甲方签字盖章:　　　　　　　　　　　　　乙方签字盖章: 　　日期:　　　　　　　　　　　　　　　　　日期:

任务 2-2 智慧能控远程断路器系统设计知识强化

任务课时

5 课时

任务导入

智慧能控触摸灯控开关用到了若干元件或模块，这些物料的基本原理是什么？物料之间有什么关系？知其然才能知道怎么设计电路原理图。

任务目标

使读者掌握系统中用到的各种物料的性能参数和使用方法，为原理图设计打下基础。

◆ 2-2-1 智慧能控远程断路器系统物料

通过任务 2-1 可知智慧能控远程断路器系统共计需要单片机、电源转换模块、电机、指示灯、MAX3232、DB9 接口、TypeC 接口、光敏电阻、继电器、二极管、三极管、电容、电阻等物料，除项目一中详细讲过的元器件外，主要物料如图 2-2-1 ~ 图 2-2-9 所示，图片均来自网络，不做商业用途，仅做公益使用，如涉及侵权请及时告知。晶振等元器件是单片机最小系统的典型用料，本项目中虽然用不到，但在举一反三中 51 单片机的最小系统必须设计，因此在本项目中进行详细讲解，让读者能形成连贯一体的知识结构。

图 2-2-1 单片机

图 2-2-2 MAX3232

图 2-2-3 玻封热敏电阻

图 2-2-4 按键

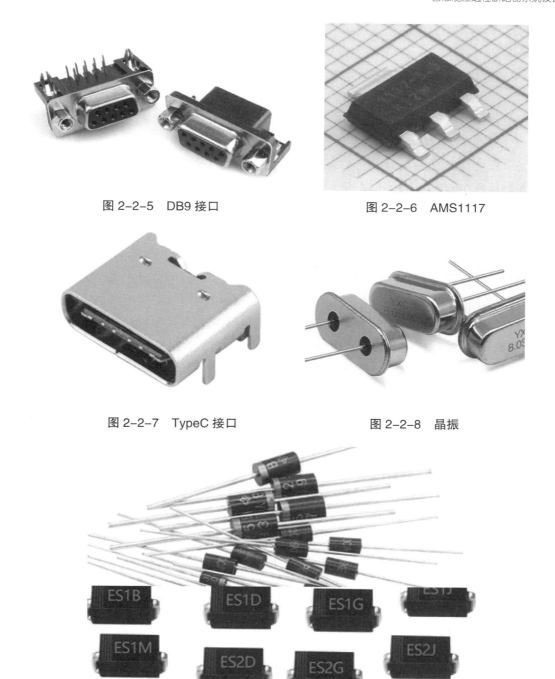

图 2-2-5　DB9 接口　　　　　　　　图 2-2-6　AMS1117

图 2-2-7　TypeC 接口　　　　　　　图 2-2-8　晶振

图 2-2-9　二极管

◆　2-2-2　最小系统设计

　　主控芯片指在一套控制系统或一个电路板中,具有控制逻辑组织、控制动作输出、外部信息输入分析等功能的控制单元或芯片,在智能硬件中一般是指单片机,本项目中,也是指单片机,如图 2-2-1 所示,项目中采用 ARM 系列中的 32 位单片机 STM32F103C8T6。单片机又称单片微控制器,它不是完成某一个逻辑功能的简单芯片,而是把一个计算机系统集成到一个芯片上,相当于一个微型的计算机,和计算机相比,单片机只是资源更紧凑,概括来讲:一块芯片就成了一台计算机。它的体积小、质量轻、价格便宜,为学习、应用和开发提供了便利条件。同时,学习使用单片机是了解计算机原理与结构的最佳选择,单片机的特征有:

①单片机的体积比较小,内部芯片作为计算机系统,其结构简单,但是功能完善,使用起来十分方便,可以模块化应用。

②单片机有着较高的集成度,可靠性比较强,即使长时间工作也不会存在故障问题。

③单片机在应用时低电压、低能耗,是人们在日常生活中的首要选择,为生产与研发提供便利。

④单片机对数据的处理能力和运算能力较强,可以在各种环境中应用,且有着较强的控制能力。

单片机的开发一般包括最小系统开发和外围控制电路开发两部分。最小系统是保证单片机能稳定运行的最少电路部分,传统单片机最小系统由单片机、晶振电路、电源电路、复位电路等部分组成,本节重点介绍最小系统设计;外围控制电路包括项目开发中所有的外围电路,如本项目中的继电器控制电路、指示灯控制电路、通信接口电路、温度传感器电路、按键电路等,这些将在后续模块设计中详细讲述。STM32F103C8T6单片机技术较先进,传统最小系统电路中部分电路已经内部集成,不需外围设计。

> **说明:**
> 　　系统有了大脑,就能实现更复杂的功能,相比于项目一,项目二的功能更丰富,更灵活。

1.STM32F103C8T6

STM32F103C8T6 使用高性能的 ARM Cortex-M3 32 位的 RISC 内核,最高工作频率可达 72 MHz,内置 64 KB FLASH、20 KB SRAM,1 个高性能计时器,3 个通用计时器,2 个 SPI 串行同步通信接口,2 个 I^2C 串行通信接口,3 个 USART 串行异步通信接口,1 个 USB2.0 FULL Speed 串行通信接口,1 个 CAN 总线控制器,2 个 12 位模拟数字转换器,1 个片内温度传感器,这些丰富的外设配置,使得 STM32F103C8T6 微控制器可以应用于多种场景。项目中用到的典型特点如下,其他参数特征请查阅芯片资料文档。

(1)工作电压范围:双电源域,主电源 VDD 2.0 ~ 3.6 V,备用电池电源 VBAT 1.8 ~ 3.6 V,当主电源掉电时, RTC 可以继续工作在 VBAT 电源下, VBAT 模式下提供 20 Byte 容量的备份寄存器。

(2)典型工作电流:动态功耗 175 μA/MHz,STOP 待机功耗 10 μA@3.3 V,Standby 待机功耗 1.6 μA@3.3 V, VBAT RTC 功耗 2.3 μA@3.3 V。

(3)LQFP48 引脚封装,引脚分布如图 2-2-10 所示。

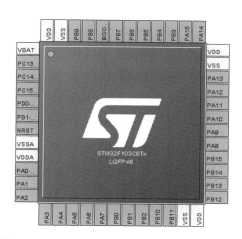

图 2-2-10　STM32F103C8T6 芯片引脚图

> **思考：**
> 什么时候可以使用内部晶振？什么时候必须使用外部晶振？

（4）时钟：外部 HSE 支持 4～16 MHz 晶振，典型 8 MHz 晶振；外部 LSE 支持 32.768 kHz 晶振；芯片内部 HSI 时钟为 8 MHz，LSI 时钟为 40 kHz。

（5）复位：支持外部管脚复位、电源上电复位、软件复位、看门狗复位及低功耗模式复位。

（6）低电压检测：8 级检测电压门限可调，上升沿和下降沿可配置。

（7）2 个 12 位 ADC 转化器，16 个模拟量输入通道，最高转换速率可达 1 Mbps，支持自动连续转换和扫描转换模式，两个 ADC 单元可级联实现主从并行转换和交织转换模式。

（8）调试接口：支持 SW-DP 两线调试端口、JTAG 五线调试端口等。

（9）工作温度范围：-40～85℃。

2. 晶振电路

1）经典电路设计

晶振电路相当于人的心脏，晶振输出的方波信号相当于人体的脉搏，脉搏稳健是系统稳定运行的基础，因此单片机都要搭配合适的晶振电路，经典的晶振电路设计如图 2-2-11 所示，旁路电容一般为 12～33 pF，随单片机和晶振厂家的不同而略有不同，不同晶振配不同的电容，会输出不同的频率，可以在晶振旁边并联一个 1 MΩ 的电阻来微调频率。

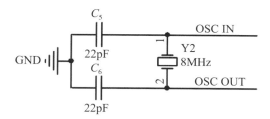

图 2-2-11　经典晶振电路

> **思考：**
> 晶振有精度之分，什么时候可以使用低精度的晶振？什么时候必须使用高精度的晶振？

2) 晶振参数之频差

频差是晶振的重要参数之一，单位为 PPM，通常使用的晶振为正负 20 PPM，同样使用 20 PPM 晶振的多个相同电路板，使用定时器进行 LED 指示灯闪烁实验，同时开启的情况下，10 s 左右指示灯的跳动就会出现明显偏差；如果系统需要精确定时，则需要降低晶振的频差，常用的型号有 ±10 PPM 和 ±5 PPM 的，5 PPM 的晶振在同样做上述实验时，指示灯同步时间可以延长至 20 min 左右。频差越大的晶振价格越便宜，相反，频差越小的晶振价格越贵，因此设计者需要根据项目的实际需求，选择合适的晶振频差。

3) 晶振参数之频率

频率代表晶振输出方波信号的速度，一般晶振分为高频晶振和低频晶振两种，高频晶振最常用的频率有 8 MHz、12 MHz、20 MHz 等，低频晶振频率最常用的是 32.768 kHz，本项目采用 8 MHz 主频。

> **思考：**
> 晶振有高频和低频之分，什么时候必须选择低频晶振？什么时候必须使用高频晶振？

STM32F103C8T6 单片机有内部高频晶振 HSI，在正常工况下的工作状态媲美常规外部晶振，在对系统计时准确度没有特殊要求的情况下，可以使用内部晶振代替外部晶振，既可节约成本，又可以降低设计复杂度。本项目为室内应用环境，环境状况非常理想，对计时精度要求不严苛，因此系统采用内部晶振，无须设计外部晶振电路。

4) 晶振参数之封装

晶振有多种型号的封装，有直插型和贴片两类，典型封装形式除图 2-2-8 所示外，其他常用形式如图 2-2-12 所示。

图 2-2-12   经典晶振封装形式

> **说明：**
> 电源稳定，芯片才能稳定运行，智能硬件才能实现预定目标功能。

3. 滤波电路

芯片的电源电路一般需要滤波电路,为系统电源进行杂波过滤,将不太稳定的电源变成稳定持续的电源,如果没有特殊规定,通常芯片的每一个电源引脚上增加一颗 100 nF 的电容进行滤波,也可以再搭配一颗 10 nF 的电容,在要求严格的电源引脚上,可以增加一颗电感进行抗浪涌处理。本项目为了降低教学难度,仅增加滤波电容,主控芯片及滤波电容电路如图 2-2-13 所示。

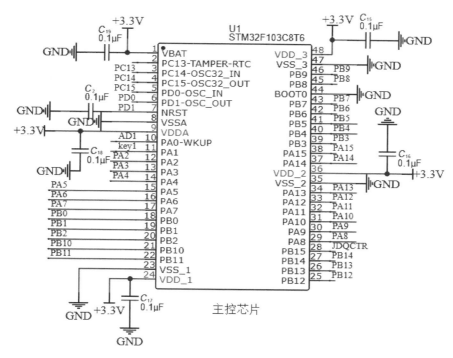

图 2-2-13　主控芯片及滤波电容电路

> **说明:**
> 　复位分为冷复位和热复位,冷复位可以通过断电重启实现,热复位可以通过看门狗、复位引脚电路等实现。

4. 复位电路

早期单片机大部分会有一个专门的引脚作为复位引脚(Reset),一般为低电平有效,也就是说该引脚一旦出现低电平,并且持续一段时间(一般为 ms 级)后,单片机会自动热复位,从而重新启动系统的功能,因此该引脚要保持常态高电平的状态,为了方便重启,会设计一个按键在复位电路中,经典复位电路如图 2-2-14 所示。

图 2-2-14 中,为了保持常态高电平,使用一颗 $10\,k\Omega$ 的电阻将复位引脚上拉至 3.3 V,确保系统常态保持高电平,当按键 KEY1 按下后,复位引脚直接通过按键接地,拉至低电平,系统复位。人工按下按键,会出现信号抖动,而且电源 3.3 V 也会因环境干扰出现干扰杂波毛刺,这些杂波毛刺也可能会引起系统复位,为了防止这类现象发生,在复位引脚附近增加两颗电容,对复位信号进行滤波,确保不会出现异常复位。

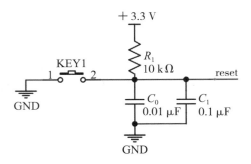

图 2-2-14　经典复位电路

在产品设计中,往往不做复位按键,需要复位时,重新上电即可,而且冷复位比热复位复位得更加彻底,因此在本项目中,不设计复位按键。STM32F103C8T6 芯片对该引脚规定要特殊处理,需要复位引脚通过一颗 100 nF 电容接地,电路设计如图 2-2-13 所示。

5. 烧录口

烧录口是程序下载到芯片的通道,也是进行在线调试的重要接口,一般在批量生产的电路板上不留烧录口,程序会通过批量下载机器烧录到芯片后再贴片到电路板上,本项目需要兼顾上课需求,同学们需要用这个接口进行程序调试和下载,因此必须设计烧录口,设计如图 2-2-15 所示。

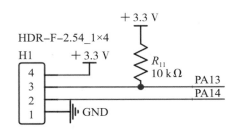

图 2-2-15　SWD 烧录接口

通过主控芯片数据手册可知,该芯片有 SWD、JTAG、串口等烧录接口,JTAG 功能强大,但引脚多,需要占用较大空间;串口下载速度非常慢;SWD 只有两根通信线,而且下载速度很快,因此本项目中选择 SWD 烧录接口。SWD 烧录接口使用 PA13 和 PA14 两个 I/O 口,其中 PA13 为数据口,为了保持数据稳定,增加上拉电阻进行钳位;PA14 为时钟信号口,烧录或调试时提供时钟信号。烧录程序或调试时,除了 PA13 和 PA14 口外,还需要连接电源线,因此图 2-2-15 中采用 4 pin 接插件接口设计。

6. 其他

在 32 位芯片中,一般需要设置 BOOT 引脚,也就是启动引导引脚,STM32F103C8T6 芯片中有 BOOT0 引脚需要设置,当 BOOT0 引脚接高电平时,可以使用串口 ISP 下载的方式下载程序,下载程序后,需要把 BOOT0 引脚改为低电平,然后复位;功能强大一些的单片机有多个 BOOT 引脚,程序可以直接下载到 RAM 中运行;当 BOOT0 设置为低电平时,程序可以通过烧录器下载到 FLASH 中,项目中将 BOOT0 引脚通过电阻后接地,使 BOOT0 引脚设置为低电平,确保程序下载到 FLASH 中可以长期保存,如图 2-2-13 所示。

思考:
RAM 和 FLASH 有什么区别?

2-2-3　通信接口

在智能硬件中使用的通信口常见的有 SPI、I²C、UART、RS232、RS485、CAN、USB 等,其中 RS485 和 RS232 是基于 UART 接口实现的,RS485 可以实现远程通信、组网通信等,非常适合工业现场的低速联网设备使用,因此在远程控制断路器中使用 RS485 通信接口,在本书中,为了减少实验工具,设计为 RS232 接口,读者可以直接使用实验室中提供的 USB 转 RS232 线缆进行通信测试,核心元件为 MAX3232。

1.MAX3232 芯片常识

MAX3232 采用专有低压差发送器输出级,利用双电荷泵在 3.0 ~ 5.5 V 电源供电时能够实现真正的 RS-232 性能,器件仅需四个 0.1 μF 的外部小尺寸电荷泵电容。MAX3232 确保在 120 kbps 数据速率下,同时保持 RS-232 输出电平。MAX3232 具有两路接收器和两路驱动器,提供 1 μA 关断模式,有效降低了功耗并延长了便携式产品的电池使用寿命。关断模式下,接收器保持有效状态,对外部设备进行监测,仅消耗 1 μA 电源电流,MAX3232 的引脚、封装和功能分别与工业标准 MAX242 和 MAX232 兼容。即使工作在高数据速率下,MAX3232 仍然能保持 RS-232 标准要求的 ± 5.0 V 最小发送器输出电压,元件引脚功能如图 2-2-16 所示。

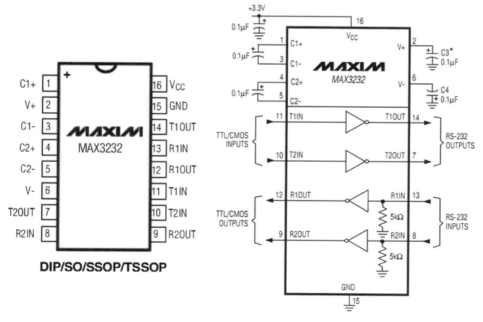

图 2-2-16　MAX3232 引脚及原理图

2.MAX3232 电路设计

项目中仅用一路串口,用于与电脑设备进行通信,也可以在此接口上外接 232 转 485、

232 转以太网、232 转 CAN、232 转 Lora、232 转 NBIOT 或者 232 转 4 G 模块等,实现不同距离的有线或无线数据传输,项目中仅以 DB9 接口将 232 信号引出,电路设计如图 2-2-17 所示。

图 2-2-17 中,除了芯片要求的四颗电容外,在电源引脚的附近,也要增加一颗电容对电源进行滤波,确保芯片稳定运行。

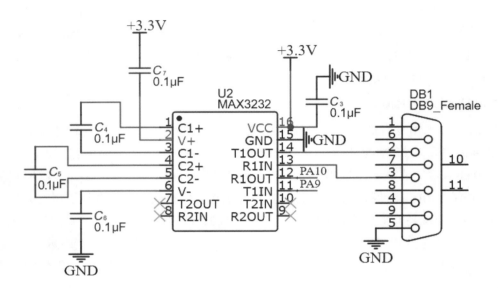

图 2-2-17　MAX3232 电路设计

> 思考:
> RS232 通过接收和发送两个引脚进行数据的接收和发送,为什么还需要连接 GND 引脚?

2-2-4　电源转换

电源电路为系统提供充足、稳定、持续的电能供给,本项目中芯片使用 3.3 V 电源,而板级输入电源为 5 V,因此需要增加 5 V 转 3.3 V 的电源转换电路,核心元件为 AMS1117-3.3,采用 TypeC 6 P 接口,方便读者上课使用,电路设计如图 2-2-18 所示。

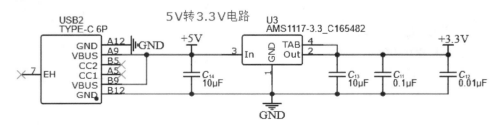

图 2-2-18　电源电路设计

图 2-2-18 中,TypeC 接口将 A9 和 B9 连在一起,A12 和 B12 接在一起,读者在检查接口时,就可以不用考虑正反,对称设计可以确保无论怎么插接都能正确供电。如果需要为大

功率电器提供 5 V 电源,电源可能会出现波动,因此需要为系统增加一些必要的滤波电路,比如在 AMS1117-3.3 的输入端增加电解电容等。

AMS1117 是一款 ADO 型电源转换芯片,本项目中需要将 5 V 转成 3.3 V,压差不大,因此采用 AMS1117-3.3 芯片。AMS1117-3.3 是一款正向低压降稳压器,在 1 A 电流下压降仅为 1.2 V。AMS1117-3.3 有两个版本:固定输出电压版本和可调输出电压版本,固定输出电压为 1.5 V、1.8 V、2.5 V、2.85 V、3.0 V、3.3 V、5 V 时,具有 1% 的精度;固定输出电压为 1.2 V 时具有 2% 的精度。使用温度范围为 -40 ~ 125℃,AMS1117-3.3 内部集成过热保护和限流电路,是电池供电和便携式计算机的最佳选择之一,常见的封装形式如图 2-2-19 所示,封装形式与散热需求密切相关,一般发热量越大,需要散热越快,则选择的封装就要大一点,适当的时候需要增加散热片或散热风扇,本项目中压差小,而且电流小,故发热量很小,因此选择 SOT-223 封装形式,这也是性价比最高的封装形式之一。

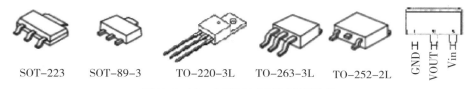

SOT-223　　SOT-89-3　　TO-220-3L　　TO-263-3L　　TO-252-2L

图 2-2-19　AMS1117 的封装形式

AMS1117 的引脚从左向右依次为 GND、VOUT、Vin,背面的金属体也与 VOUT 相连,金属体有加速散热的作用。

2-2-5　AD 转化

AD 转换又称模数转换(analogue-to-digital conversion),是将模拟信号数字化的转化过程。

1. 模拟信号

模拟信号是指用连续变化的物理量表示的信息,其信号的幅度、频率、相位随时间作连续变化,或在一段连续的时间间隔内,其代表信息的特征量可以在任意瞬间呈现为任意数值的信号。模拟信号是用连续变化的物理量所表达的信息,如温度、湿度、压力、长度、电流、电压等,通常又把模拟信号称为连续信号,它在一定的时间范围内可以有无限多个不同的取值。

2. 数字信号

数字信号指自变量是离散的、因变量也是离散的信号。这种信号的自变量用整数表示,因变量用有限数字中的一个数字来表示,在计算机中,数字信号的大小常用有限位的二进制数表示。采用二进制数字表示信号,其根本原因是电路只能表示两种状态,即电路的通与断。在实际的数字信号传输中,通常是将一定范围内的信息变化归类为状态 0 或状态 1,这种状态的设置大大提高了数字信号的抗噪声能力。

3. 模数转换

自然界中存在的信号普遍以模拟量存在,而计算机中的信号则以数字量存储和处理,因此在智能硬件中,往往需要将模拟量转换成数字量后才能被计算机存储和处理,这个负责将模拟信号转换成数字信号的模块通常称为模数转换模块,也称 ADC 模块。通常 ADC 模块能接收的模拟信号是电压信号,因此无论什么类型的模拟型传感器,在智能硬件的设计过程中,都需要将传感器的输出信号转换成电压信号后,才能送入 ADC 模块进行数字化。

4.ADC 模块

ADC 模块通常由参考电压 V_{refH} 和 V_{refL}、ADC 位数 n(精度)、输入电压信号 V、输出数字量(也称 AD 值)等部分组成,其中 ADC 位数 n 决定了 ADC 模块的模数转换精度,位数越高精度越高,也决定了 ADC 模块输出 AD 值的最大值,一般最大值等于 2^n-1,最小值为 0;参考电压 V_{refH} 和 V_{refL} 限制了输入电压的有效区间,当输入信号 $V \geqslant V_{refH}$ 时,AD 值为其最大值 2^n-1,当 $V \leqslant V_{refL}$ 时,AD 值为 0;位于参考电压最大值和最小值之间的任意电压 V_x,与 AD 值 AD_x 具有一一对应的关系,并且线性均分,$AD_x=(V_x-V_{refL}) \times (2^n-1)/(V_{refH}-V_{refL})$。

在简单应用中,往往将 V_{refH} 设置为系统供电电压,如本项目中设置为 V_{CC},V_{refL} 设置为 GND,即 0 V,STM32F103C8T6 中的 ADC 位数为 12,因此 $AD_x=819V_x$,通过这个公式可知,芯片完成一次 ADC,在相关寄存器中输出一个 AD_x 时,就可以计算出一个与之对应的 V_x,通过电路计算,就可以计算出热敏电阻的电阻值,通过查看电阻与温度对照表,可以获得一个对应的温度值,即完成了一次温度监测任务。

◆ 2-2-6 按键电路

按键电路可以理解为一种数字型传感器,需要将按键的按下和弹起的动作转化成电平高低的变化,借助 I/O 口的输入功能,捕捉到电平变化来感知按键的动作。典型的按键电路与复位电路非常相似,只是复位电路是低电平有效,而按键电路可以设计为低电平有效、高电平有效、下降沿有效或者上升沿有效多种形式,典型按键电路设计如图 2-2-20 所示。

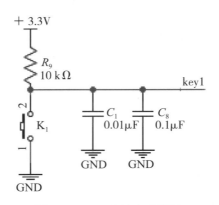

图 2-2-20 按键电路设计

> **思考:**
> 为什么一次按键会被识别为多个按键事件? 硬件电容滤波可以在一定程度上缓解这个问题, 还需要配合软件的滤波, 软件该如何滤波?

图 2-2-20 中,按键 K_1 有两种状态:接通和断开。当按键断开时,I/O 接口通过标号 key1 接到电阻 R_9 的一端,由于电阻 R_9 的另一端接了高电平(此时称为上拉电阻),因此 key1 标号处的电平为高电平;当按键按下接通时,key1 标号处由于按键的短路,使其直接接到了 GND 上,因此此时标号处的电平为低电平,因此此电路可以实现按键状态与 key1 标号处的电平一一对应,而且可以通过电平状态反映出按键状态,因此,该电路实现了按键电路的目标。C_1 和 C_8 两颗电容起按键滤波的作用,防止同一次按键由于按键的接触震动识别成若干次按键事件。

◆ **2-2-7 热敏电阻**

传感器(transducer/sensor)是一种检测装置,其功能可以总结为"一传二感","感"是指能感知被测信息;"传"是指把感知到的被测信息以特定的表现形式传送出去。比如在项目中用到的热敏电阻中,"感"是指它能感受传感器周边的温度变化及温度高低;"传"是指它能将感知的温度转换成与之对应的电阻值变化或大小,并将电阻值传送给用户。传感器通常由敏感元件、附属电路和输出接口等部分组成,简单的传感器中可以没有附属电路,但必须有敏感元件和输出接口。

> **思考:**
> 对比按键和热敏电阻,思考一下模拟型和数字型有什么本质区别。

热敏电阻是一种典型的模拟型传感器,在远程控制断路器项目中,选择适合贴在导线上的传感器型号,便于测试包括由于电流过大引起的电缆线温度上升时的温度值,从而有效避免由于过流引起的火灾事件。在教学过程中,本书采用最简单的玻封热敏电阻,其结构简单,便于集成到电路板上,而且不易损坏,外形如图 2-2-3 所示,由于有玻璃管密封,传感器自身不怕腐蚀。

1. 热敏电阻特性

热敏电阻是一种传感器电阻,其电阻值随着温度的变化而改变,按照温度系数不同分为正温度系数热敏电阻(PTC thermistor,即 positive temperature coefficient thermistor)和负温度系数热敏电阻(NTC thermistor,即 negative temperature coefficient thermistor)。正温度系数热敏电阻器的电阻值随温度的升高而增大,负温度系数热敏电阻器的电阻值随温度的升高而减小,它们同属于半导体器件,热敏电阻的主要特点有:

(1)灵敏度较高,其电阻温度系数要比金属大 10～100 倍,能检测出 10^{-6}℃的温度变化;

(2)工作温度范围宽,常温器件适用于 –55～315℃,高温器件适用温度高于 315℃(目前最高可达到 2000℃),低温器件适用于 –273～–55℃;

(3)体积小,能够测量其他温度计无法测量的空隙、腔体及生物体内血管的温度;

(4)使用方便,电阻值可在 $0.1\,\Omega$～$100\,\mathrm{k}\Omega$ 间任意选择;

(5)易加工成复杂的形状,可大批量生产;

(6)稳定性好、过载能力强。

2. 热敏电阻温度对照表

MF58、MF52 型玻封热敏电阻是最常用的热敏电阻,按照常温下的电阻值大小又可以分为 5 k 型、10 k 型、50 k 型、100 k 型等,热敏电阻的温度曲线粗看很有规律,但其计算公式非常复杂,电阻 – 温度特性可近似地用下式表示:$R=R_0\exp\{B(1/T-1/T_0)\}$,其中 R:温度 $T(\text{K})$ 时的电阻值;R_0:温度 T_0 时的电阻值;$B:B$ 值。实际上,热敏电阻的 B 值并非恒定的,其变化大小因材料构成而异,最大甚至可达 5 K/℃。因此在较大的温度范围内应用时,将与实测值之间存在一定误差,使用此公式进行计算时相对比较复杂,因此使用该传感器时,在精度要求不高的情况下,通常通过温度阻值对照表进行计算,MF52 系列 10 k、误差 ±1℃型热敏电阻的 –40 ~ 150℃对照表如表 2-2-1 所示。

表 2-2-1　温度阻值对照表

温度 /℃	阻值 /Ω	温度 /℃	阻值 /Ω	温度 /℃	阻值 /Ω	温度 /℃	阻值 /Ω	温度 /℃	阻值 /Ω
–40	336600	–15	72980	10	19900	35	6532	60	2488
–39	315000	–14	69000	11	18970	36	6268	61	2400
–38	295000	–13	65260	12	18090	37	6016	62	2316
–37	276400	–12	61760	13	17260	38	5776	63	2234
–36	259000	–11	58460	14	16460	39	5546	64	2158
–35	242800	–10	55340	15	15710	40	5326	65	2082
–34	227800	–9	52420	16	15000	41	5118	66	2012
–33	213800	–8	49660	17	14320	42	4918	67	1942
–32	200600	–7	47080	18	13680	43	4726	68	1876
–31	188400	–6	44640	19	13070	44	4544	69	1813
–30	177000	–5	42340	20	12490	45	4368	70	1751
–29	166400	–4	40160	21	11940	46	4202	71	1693
–28	156500	–3	38120	22	11420	47	4042	72	1637
–27	147200	–2	36200	23	10920	48	3888	73	1582
–26	138500	–1	34380	24	10450	49	3742	74	1530
–25	130400	0	32660	25	10000	50	3602	75	1480
–24	122900	1	31040	26	9574	51	3468	76	1432
–23	115800	2	29500	27	9166	52	3340	77	1385
–22	109100	3	28060	28	8778	53	3216	78	1341
–21	102900	4	26680	29	8408	54	3098	79	1298
–20	97120	5	25400	30	8058	55	2986	80	1256
–19	91660	6	24180	31	7722	56	2878	81	1216
–18	86540	7	23020	32	7404	57	2774	82	1178
–17	81720	8	21920	33	7098	58	2674	83	1141
–16	77220	9	20880	34	6808	59	2580	84	1105

续表

温度/℃	阻值/Ω	温度/℃	阻值/Ω	温度/℃	阻值/Ω	温度/℃	阻值/Ω	温度/℃	阻值/Ω
85	1071	99	699.4	113	470.2	127	324.4	141	229.2
86	1038	100	679.2	114	457.4	128	316.2	142	223.8
87	1006	101	659.6	115	445.2	129	308.2	143	218.4
88	975	102	640.8	116	433.4	130	300.6	144	213.4
89	945.2	103	622.6	117	421.8	131	293	145	208.4
90	916.4	104	605	118	410.6	132	285.8	146	203.6
91	888.8	105	588	119	399.8	133	278.8	147	198.8
92	862	106	571.4	120	389.4	134	272	148	194.2
93	836.4	107	555.6	121	379.2	135	265.2	149	189.7
94	811.4	108	540.2	122	369.4	136	258.8	150	185.4
95	787.4	109	525.2	123	359.8	137	252.6		
96	764.2	110	510.8	124	350.6	138	246.4		
97	741.8	111	496.8	125	341.6	139	240.6		
98	720.2	112	483.2	126	332.8	140	234.8		

使用表 2-2-1 所示的温度与阻值对照表,采用分段线性处理方法,只要给出一个在表格范围内的电阻值,就可以回归成温度数值,因此温度测量电路的设计,主要是怎样用电压的大小表示出电阻值的大小,从而使用单片机的 ADC 功能,换算出电阻值的大小,电路设计如图 2-2-21 所示。

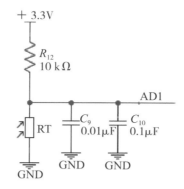

图 2-2-21 光敏电阻及电路设计

图 2-2-21 中,热敏电阻与 R_{12} 电阻形成简单的串联电路,根据欧姆定律可知,AD1 标号处的电压 $V_x=3.3\ \text{V} \times \text{RT}/(R_{12}+\text{RT})$,由于 R_{12} 为固定电阻,电阻值不变,因此 V_x 与 RT 呈现一一对应的关系,因此该电路实现了将传感器电阻值与标号 AD1 处电压对应的目标。

◆ **2-2-8 通断控制**

远程控制断路器的核心功能是控制 220 V 供电线路的接通与关闭,在智慧校园场景下制作的断路器是采用继电器 + 大功率空气开关的组合方式实现的,考虑到教学环节中的实践安全性,本书中去掉大功率空气开关部分,用一颗 LED 替代,仅用一个继电器控制 LED 的亮灭表示空气开关是否处于控制打开和控制关闭状态,原理相似,仅降低了电压等级提升了实践安全性,有能力的同学可以考虑增加空气开关的设计部分。

在项目一中已经用过继电器,也做过继电器知识的普及,但没有进行电路的详细讲解,本项目中继续使用继电器,电路设计如图 2-2-22 所示。

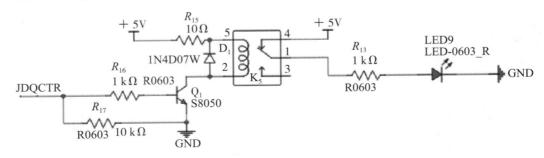

图 2-2-22　通断控制电路

> **思考:**
> 二极管的作用是什么? 能不能反接?

如图 2-2-22 所示,控制引脚为 JDQCTR 符号处,符号的另一端如图 2-2-13 所示,该符号处的高低电平,控制继电器的接通和断开,从而控制 LED9 小灯的亮灭,模拟 220 V 电源供给的通断状态。

1.JDQCTR=0(低电平)

NPN 型三极管 Q_1 控制端为低电平,三极管通路断开,则继电器 K_5 的线圈不通电,继电器不动作,电源 5 V 正极通过继电器的 4 引脚接通道 1 引脚,然后输出通过 LED9 指示灯到达电源负极,因此指示灯 LED9 有足够的电流通过,则亮起。

2.JDQCTR=1(高电平)

NPN 型三极管 Q_1 控制端为高电平,三极管通路断开,则继电器 K_5 的线圈通电,继电器动作,电源 5 V 正极通过继电器的 4 引脚接通道 3 引脚,继电器的 1 引脚没有电源接入,因此指示灯 LED9 没有电流通过,则熄灭。

通过以上两种可能性的分析可知,图 2-2-22 中的电路可以通过控制电路的通断,实现控制指示灯 LED9 亮灭的设计目标。

◆　2-2-9　LED 指示灯组

指示灯组是用来标识系统状态的,为了增加课堂知识趣味性,项目中设计 8 个 LED 灯,在圆周上均匀分布,可以实现不同的亮灭灯效果,通过指示灯组的亮灭样式控制,提高读者学习的兴趣,培养其学习的主动性。

项目中采用 0603 封装的红色 LED 灯珠,工作电流很小,因此直接采用单片机 I/O 口驱动,设计电路如图 2-2-23 所示。

图 2-2-23 中,指示灯 LED 的正极接单片机 I/O 口,利用 I/O 口的推挽式输出控制能力,

为指示灯提供亮灯电源,指示灯的负极通过限流电阻后接到电源负极,因此只要 I/O 口输出高电平,指示灯就会亮,否则指示灯就熄灭。

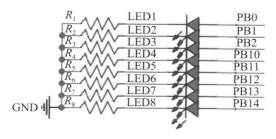

图 2-2-23　指示灯组电路

> **思考:**
> 单片机的 I/O 口作为输出使用时,一般分为推挽型和开漏型两种,两者有什么不同? 能够互相转化吗?

任务 2-3　智慧能控远程断路器系统原理图设计

任务课时

2 课时

任务导入

在任务 2-2 中,系统大部分电路已经设计出来,本任务中,将设计好的电路编辑成原理图文件,以备后续任务中制作电路板。

任务目标

利用项目一中学习的原理图工程建立、元件放置、电路连接、封装设计、原理图检查等技能,完成原理图设计,反复实践,熟能生巧;学习单片机最小系统的设计方法,以及单片机与外围电路的配合设计方法。

下面将原理图设计过程一步一步展开。

第一步,打开设计软件立创 EDA,建立工程,如图 2-3-1 所示,建立完工程后,系统默认打开原理图设计页面,保存工程名为"智慧能控远程断路器系统",原理图文件命名为"原理图"。

第二步,从基础库中选择三极管、电阻、LED 灯、继电器、TypeC 接口、主控芯片、AMS1117、二极管等元件放入原理图图纸中,这些常用元件在基础库中已经存在,因此点击后加入原理图中即可,如图 2-3-2 所示。

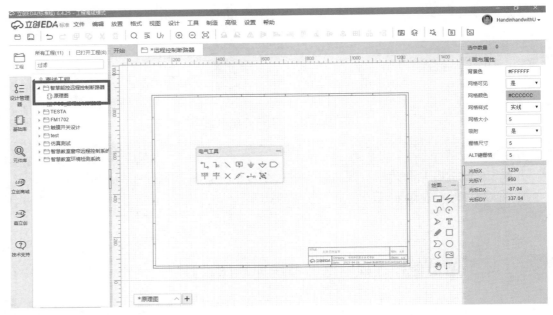

图 2-3-1　建立工程

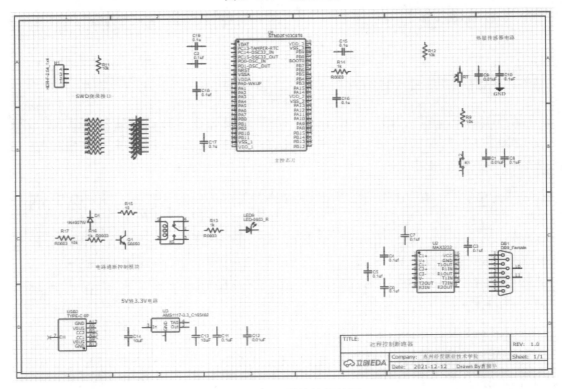

图 2-3-2　元器件符号放置

放置元件时,一定要按照模块化思想做,每个模块内的元器件放在一起,模块内的元件按照相互作用的关系,决定相互之间的位置关系,尽量使连线顺畅,线路不要有交叉、缠绕等现象,实在需要交叉的,可以使用网络标签布线。

第三步,根据电路设计草图,连接原理图中各个元件,使之成为完整的电路图,连接好的电路如图 2-3-3 所示。

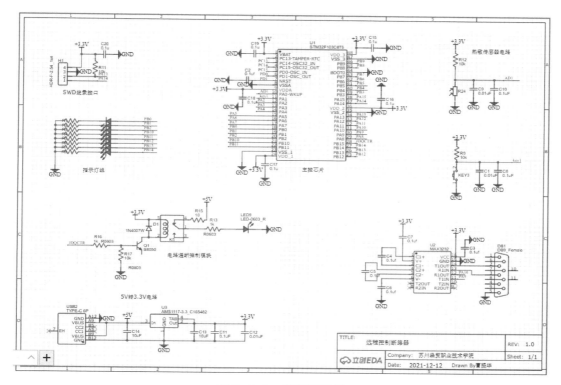

图 2-3-3　原理图连线

由图 2-3-3 可见,模块内部的连线尽量用导线直接连接,比较直观,容易检查;模块之间的连线通过网络标签连接,不至于导致整个原理图有蜘蛛网一样繁杂的导线。

注意:网络标签是原理图连线的重要形式,读者应该多加练习,与实线连接的方式对比,在实践中了解网络标签的优劣。

第四步,检查原理图,直至无设计错误。

本节内容较简单,但是需要根据实际元件功能设计不同的电路,根据不同元件外形确认不同的封装图,需要多做一些不同封装形式的元件,熟能生巧,厚积薄发。

任务 2-4　智慧能控远程断路器系统 PCB 图设计

 任务课时

4 课时

任务导入

原理图仅停留在原理的层面，不是具体实物，不能承载真实功能，需要做成 PCB 后，才能焊接元器件，实现具体功能，为后续的系统集成、软件编程与调试做好基础性工作。

任务目标

使读者掌握远程断路器系统 PCB 图的设计方法，包括原理图转 PCB 图方法、环境参数设置方法、PCB 图边框边界设置方法、PCB 元件布局布线方法、定位孔放置方法、PCB 检测方法等，特别要注意，包含主控芯片的智能硬件 PCB 图设计中，要着重关注模块化设计及滤波电路的摆放位置。

第一步，原理图检查确认。如图 2-4-1 所示，点击左侧"设计管理器"菜单，弹出的对话框中列出了项目中用到的所有元件及网络标号，如黄色方框所示。

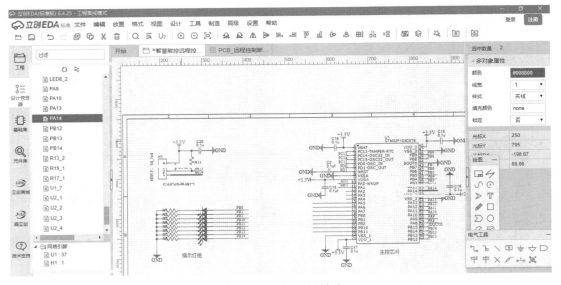

图 2-4-1　原理图检查

在设计管理器中确认每个元件都有唯一的名称和对应的封装，如电容 C1 显示为"C1（C0603）"，C1 为其名称，C0603 表示该元件的封装，核对上述信息后，再次清点原理图中元件的数量，与设计管理器中元件数量对比，没有误差并且网络标号一栏没有任何警告信息，则认为原理图是完善可用的。如果有疑义，则用鼠标点击某个网络标号，系统会自动在原理图中用红色高亮加粗显示与该网络标号有关的线路，如图 2-4-1 中绿色框所示，同理，如果用鼠标点击某个元件，则系统自动在原理图文档中用十字花定位所选的文件，帮助设计者快速定位元件位置。

第二步，原理图转印刷线路板图。在图 2-4-1 中点击"设计 \ 原理图转 PCB"菜单，弹出如图 2-4-2 所示对话框，在该对话框中选择单位为 mm，铜箔层也就是板层为 2，其他参数按默认设置，点击应用按钮。

点击应用按钮后,系统自动创建了一个名称为"PCB_智慧能控远程断路器系统"的电路板文件,点击保存按钮保存文件和工程,保存后如图 2-4-3 所示。

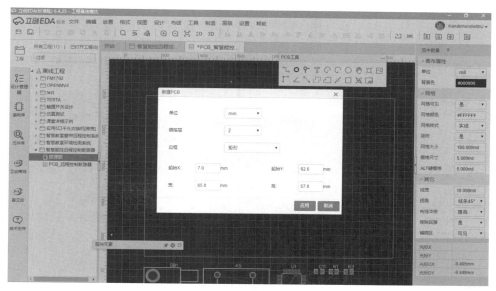

图 2-4-2　原理图转 PCB

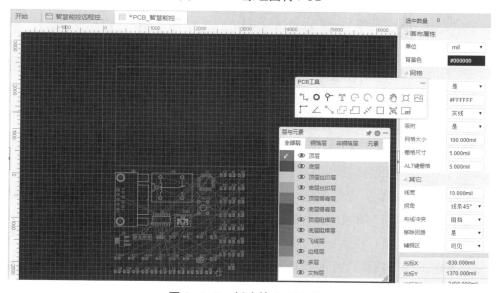

图 2-4-3　新建的 PCB 图纸

> **说明:**
> 模块化布局:同一模块的元件摆放在一起;
> 电容就近原则:电容要放置在靠近其滤波的位置,远了其作用就变小了;
> 布线最短原则:模块内的各个元件之间,连线越短越好;
> 线路粗细得当:电流越大的线路,线径要越大;
> 电子移动流畅性原则:尽量少出现锐角、直角,用钝角或圆弧布线。
> 可以根据需要设置固定孔,也可以根据需要设计电路板外形尺寸等。

第三步,线路板布局与布线。将各个元器件按照连线顺序合理布局,放置固定孔,布线,手动修改线路板边界线,完成如图 2-4-4 所示的图纸,元件布局及布线原则见项目一相关内容。从图 2-4-4 中可以看到,电路板的外观可以设计成直线形、圆弧形、折线形等,根据需要灵活设计即可。

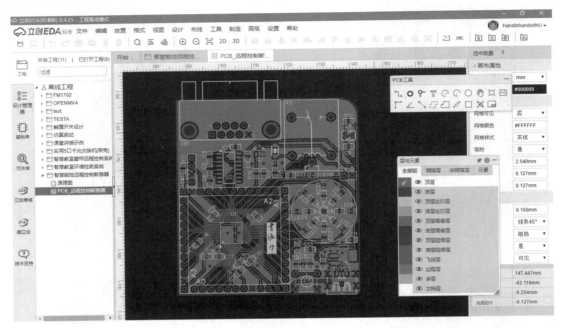

图 2-4-4　完成后的 PCB 图纸

图 2-4-4 中左上部为 SWD 烧录接口和串口通信接口;中上侧为继电器控制模块,用一盏指示灯表示电路的通断状态;右上侧为热敏传感器模块,接到单片机的 ADC 模块引脚上;左下侧为最小系统模块,为了方便读者在后续项目或毕业设计中使用该电路板,PCB 中将单片机的所有引脚都通过排针的形式扩展出来;中右侧为指示灯组,设计为环形结构,可以实现顺时针或逆时针跑马、单灯闪烁、分组闪烁等效果,提高课堂趣味性;右下侧为电源模块,通过 TypeC 接口接入 5 V 电源;中下侧为按键模块,可以接收用户按键操作。

第四步,预览。点击"视图 \3 D 预览"按钮,可以看到类似实物的预览效果,如图 2-4-5 所示。3 D 预览的效果随板内可预览元件数量不同而不同,大部分元件没有 3 D 预览图,此时仅显示其封装图,有 3 D 预览图的,则显示 3 D 效果,如图中的 TypeC 接口。电路板预览窗口支持 3 D 旋转,按着鼠标左键移动鼠标可以旋转视图,按着鼠标右键移动鼠标可以拖动电路板,移动电路板位置。

元件的 3 D 预览图用户可以自己编辑制作,这不是工程制作的必备技能,而且会涉及脚本编程,读者学习起来比较吃力,在此不作为讲课内容,有兴趣的同学可以到立创 EDA 文档或视频教程中心下载学习。

第五步,制作生产文件。立创 EDA 软件可以直接导出制板生产文件,业界称为 Gerber 文件,也可以直接导出 protel 文件格式,由制板厂家转化成制板文件后再加工生产。

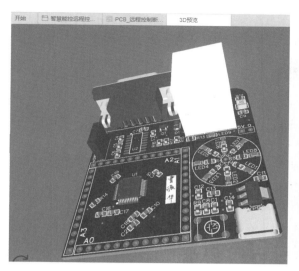

图 2-4-5　线路板 3 D 预览

如图 2-4-6 所示,点击"制造 /PCB 制板文件(Gerber)",弹出如图 2-4-7 所示对话框,在对话框中选择"生成 Gerber",则系统弹出保存对话框,用户选择保存文件位置后,Gerber 文件即可被保存到指定位置。

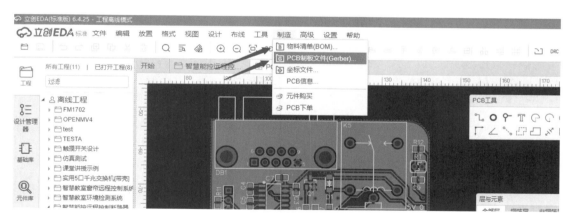

图 2-4-6　制作生产文件

第六步,发板制作。

用户可以在图 2-4-7 中点击"在嘉立创下单"按钮,直接将生产文件发给嘉立创,委托其加工生产电路板,系统自动跳转到公司主页 https://www.jlc.com/,用户也可以自行登录该主页,注册完成后上传生产文件。一般新用户注册,嘉立创会分发新用户红包,支持 0 元打样,老用户目前支持每个月 2 次左右的 5 元打样顺丰包邮到家的服务,加工制作的成本非常低,鼓励同学们动手实践,制作属于自己的智能硬件,并带着成品去应聘,增加面试成功率。

第七步,BOM 清单及元件采购。

在图 2-4-6 中,点击"制造 / 物料清单(BOM)",系统会自动统计项目中所用到的所有物料清单,如图 2-4-8 所示。

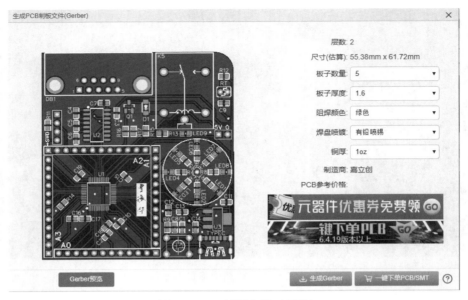

图 2-4-7　制板文件对话框

编号	元件名称	编号	封装	数量	制造商料号	制造商	供应商	供应商编号		价格
1	HDR-F-2...	+SWD	HDR-F-2.54_1...	1			LCSC	C225501	分配立创编号	0.4534
2	1*12PIN2...	A0,A1,A2,A3	HDR1X12	4					分配立创编号	
3	0.01uf	C1,C9,C12	C0603	3					分配立创编号	
4	0.1uf	C2,C3,C4,...	C0603	14					分配立创编号	
5	10uF	C13,C14	C0603	2					分配立创编号	
6	1N4007W	D1	SOD-123_L2...	1	1N4007W	BLUE RO...	LCSC	C328592	分配立创编号	0.0559
7	DB9_Fem...	DB1	DSUB-TH_DM...	1		Ckmtw(灿...	LCSC	C141882	分配立创编号	1.6626
8	K2-3.6×6...	K1	按键	1	K2-1107ST-A4SW-06		LCSC	C118141	分配立创编号	0.341
9	G5LE-1-DC5	K5	RELAY-TH_G...	1	G5LE-1-DC5	Omron Ele...	LCSC	C152704	分配立创编号	8.16
10	LED-0603_R	LED1,LED...	LED0603_RED	9	19-217/R6C-AL1M2V...	EVERLIG...	LCSC	C72044	分配立创编号	0.0939
11	S8050	Q1	SOT-23-3_L2...	1					分配立创编号	
12	1k	R1,R2,R3,...	R0603	11					分配立创编号	
13	10k	R9,R11,R1...	R0603	4					分配立创编号	

图 2-4-8　BOM 清单

图 2-4-8 中列出了所有用到的元件名称、编号、封装、数量等关键信息,这些关键信息是元件采购和焊接集成的重要依据,如需要加工 100 套改型电路板,则需要购买 10 k0603封装的贴片电阻 4×100=400 个。点击"导出 BOM"按钮,系统弹出保存对话框,可以导出一份 EXCEL 软件能打开并可编辑、浏览的文件;用户也可以直接点击"购买元件 / 检查库存"按钮,系统自动打开立创电子商城,用户可以在商城里询价、查询库存货,直接下单购买元件。

元件也可以通过淘宝、京东等电子平台或者到各地赛格电子市场等渠道购买,电子元件采购切忌低价成交,特别是批量生产时,稳定的采购渠道才能保证元器件质量。

任务 2-5 智慧能控远程断路器系统集成及维护推理

任务课时

8 课时

任务导入

PCB 生产加工完毕后，厂家会快递给用户，用户收到电路板实物，并采购到所需元器件后，需要进行焊接集成，集成的过程也就是维修的逆过程，根据故障现象判断故障点，将故障点损坏的元件逆向拿掉后更换新的元件，达到维修维护的目的。

任务目标

使读者熟悉电烙铁、焊锡丝、镊子等工具的使用方法，初步掌握故障推理的过程，具备线路板焊接的基本能力，并尝试维修维护智能硬件。

◆ 2-5-1 PCB 焊接集成

1. 电路板准备及处理

在任务 2-4 中制作好了项目中所需的 PCB 图纸，并发给厂家生产，稍等几天后就可以拿到的电路板实物，如图 2-5-1 所示。

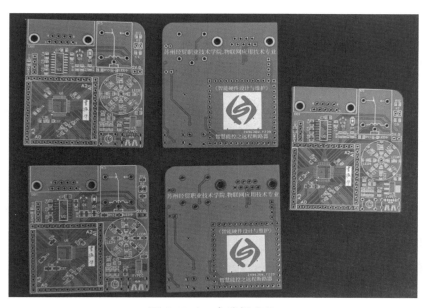

图 2-5-1 电路板实物

2. 元器件准备

在任务 2-4 中,项目所需元器件的列表以 BOM 表的形式已经导出完毕,并在相关采购平台进行了模拟采购,采购结束后稍等几天,就会收到卖家发来的电子元件,按照需要焊接的电路板数量,准备好所需的电子元件,如图 2-5-2 所示。

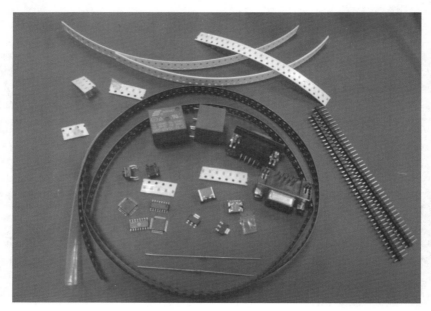

图 2-5-2　电子元件

> 说明:
> 观察一下,主控芯片的引脚是不是密密麻麻,很不好焊接的样子?反复进行焊接练习,才能锻炼出大国工匠!

3. 焊台准备

在桌面上铺好绝缘隔热垫,戴好防静电手环(防止人体静电击坏精密电子元件,项目中如果没有怕静电的精密元件,可以不戴防静电手环,但需要在焊接前用手摸一下金属导体,充分释放人体静电后再进行焊接)。

将电烙铁头更换成刀头,通电加热,设置恒温温度 350 ℃,等待电烙铁温度上升并保持在 350 ℃;将海绵用水浸泡膨胀,并拧除水分,用于擦拭电烙铁头上的杂物。

4. 贴片元件沾锡

参考项目一中的沾锡操作,初学者为了更容易焊接好引脚密集的主控芯片,建议先在电路板的芯片焊盘上,滴一滴助焊剂,然后用电烙铁均匀地将芯片引脚压实并焊接到封装上。

> 说明:
> 强烈建议不要使用松香,否则会把电烙铁头弄得不沾锡了,更不容易焊接。

5. 元件排放与焊接

贴片元件和插件元件按照项目一中的步骤,逐个摆放焊接,焊接完毕的电路板如图2-5-3 所示。

图 2-5-3　焊接完毕的电路板

> **说明:**
> 反复练习,简单的事情重复做,逐渐形成内涵于心的技能和技巧。

6. 后处理

检查每个元器件是否与其标号位置对应,是否有放错位置的元器件,特别是不同类型的元器件一定不能放错;检查确认每个元件是否有虚焊、漏焊、短路等情况,如果有及时补正。

焊接集成的基本要领在项目一中已经详细讲述,项目二中不再赘述,项目二比项目一难的地方是项目二中有一个单片机,引脚非常密集,不易焊接,新手往往不敢动手,因此项目二中的焊接集成任务主要是锻炼读者的实践动手能力,培养胆大心细的工匠精神。

◆　2-5-2　焊接技巧

焊接电路板时所有元器件的焊接要有一定的顺序,不能所有元件焊接完毕后再测试,有可能会板毁人伤,特别是有电解电容的板子,测试一定要注意安全。焊接顺序总结起来就是先焊接便于检测的后焊接不易检测的,先焊接体积小的元件后焊接体积大的元件,先焊接贴片元件后焊接插件元件。

(1)焊接电源部分。焊接完毕立刻测试电源是否能有效提供稳定、准确的电压,使用万用表等工具可以快速检测。特别注意:电源电路中往往包含一些电解电容,电解电容的两个引脚是分正负的,焊接引脚对应不正确,上电检测时可能会导致瞬间爆炸,电解电容的金属外壳飞溅如同子弹,极易伤人,因此要特别注意,仔细检查无误后,将电解电容朝向没人的方向再插电检测。

（2）焊接较小的贴片元件。贴片元件较矮，而且体积小，容易被插件元件挡住，因此先焊接贴片元件。

（3）焊接较大的贴片元件和插件元件。焊接完毕后剪去插件元件的多余引脚。

◆ 2-5-3　系统维护推理

在软件设计完备的前提下（由于读者在此阶段的软件设计能力有限，本课程不以软件故障为重点），远程控制断路器可以预见的故障点有：系统供电异常、某个指示灯不亮、继电器异常、通信异常、按键无反应等。看到故障现象，首先需要推理是哪个模块出了问题，然后分析模块电路，使用万用表等工具在模块内部逐步检测电气参数，寻找故障点，然后替换故障元器件即可修复故障。

1. 系统供电异常

供电模块电路如图 2-3-3 所示，从电源入口开始使用万用表测量电压，如果发现 AMS1117 的 V_{in} 引脚没有电压，则可以判断故障发生在 TypeC 接口到 AMS1117 之间，一般是焊接不良造成的，重新修复一下焊点即可修复故障；如果 AMS1117 的 V_{in} 引脚可以测量到 5 V 电压，但是 V_{out} 引脚没有输出电压，基本可以肯定是 AMS1117 坏了，更换即可；如果 AMS1117 的 V_{out} 引脚有 3.3 V 输出电压，而其他位置没有，则可以判断是线路上的焊接问题，仔细观察并修复即可。

2. 某个指示灯不亮

指示灯电路如图 2-3-3 所示，首先用万用表测量指示灯与主控芯片之间有没有电压输出，如果没有，则说明是程序问题，如果有，再次测量指示灯与电阻之间的电压，如果电压一直为 0，则说明指示灯坏了或者没焊接好，更换或者补焊即可修复故障；如果有电压输出，而且电阻与指示灯之间的电压不是一直为 0，则说明电阻坏了或者电阻没有焊接好，更换或补焊电阻即可解决问题。

3. 继电器异常

一般先通过触摸、耳听的方式初步判断问题。当主控芯片有输出信号控制电机转动时，正常情况下会听到继电器触点闭合的机械碰撞声音，触摸时有振动感，如果既听不到声音也没有振动感，则说明故障出现在两个继电器与其相连的主控芯片 I/O 口之间，测量 I/O 口有无输出电压，如果没有，则说明是程序问题；如果 I/O 口有正确的输出信号，则故障可能发生在三极管控制电路或继电器身上，此时短接三极管的 C、E 极，强行为继电器线圈供电，如果继电器没有动作，则说明故障发生在继电器上，更换即可解决问题；如果继电器能工作，则说明三极管电路存在故障，仔细观察有没有虚焊，有虚焊则补焊，没有虚焊则可以判定是三极管坏掉了，更换即可解决问题。

4. 通信异常

通信异常，主要的现象是向接口发送数据没有回应，或者交互数据错乱。此时首先观察主控芯片 I/O 口与 MAX3232 之间的线路及 MAX3232 与 DB9 之间的线路有没有虚焊，有虚焊则补焊；如果没有虚焊，一般是 MAX3232 芯片有问题，更换芯片即可解决问题。

5. 按键无反应

按键没有反应,首先判断是按键电路的问题,按键电路如图2-3-3所示,出现故障首先观察主控芯片与按键之间的线路是否有虚焊,有虚焊则补焊;如果没有虚焊,则用万用表测量主控芯片I/O口位置的电压,如果正常情况下保持高电平,按下按键后依然是高电平,则判断按键损坏,更换按键即可解决问题;如果正常情况下一直保持低电平,则说明上拉电阻损坏,更换上拉电阻即可。

另外,还有一些故障可能与元件无关,也与焊接无关,而是电路板出厂就不合格,这类故障比较难排查,需要认真观察电路板线路,必要时采用强光灯从反面照射,或者采用放大镜进行观察,技术层面上无法排查的故障,往往与电路板有关,此时可以果断放弃此块电路板。

故障点推理是智能硬件维护维修的关键,是重点也是难点,需要有一定的电路基础和经验,因此鼓励同学们多实践,在实践中提高能力,培养大国工匠精神。

任务 2-6 智慧能控远程断路器系统程序设计

任务课时

8 课时

任务导入

软件是硬件的灵魂,没有了软件,硬件只能执行简单、固定、机械的动作,而软硬件结合,就可以更加智能,可以根据外部环境的不同而做出灵活、不同的响应,本任务即是为项目中的断路器控制系统编写软件,实现控制策略和控制方法,编写通信接口程序和运动控制程序,接收远程控制指令并执行控制动作,实现断路器的远程控制。

任务目标

(1)使读者能理解软硬件结合的意义;

(2)使读者能掌握CubeMX、MDK5等软件的使用方法;

(3)使读者能看懂配置简单的芯片功能;

(4)使读者能看懂、理解、修改C语言工程,实现控制目标。

设计目标:

(1)高温急停:当温度值升高到一定值,系统急停,不接受按键和指令控制,直接紧急断电,温度恢复后,停在断电状态,等待指令控制或按键控制。

（2）通信控制：当系统未处于高温急停状态时，可以接受通信指令控制，否则不接受指令控制；当通信口发送控制指令数据 0x0A 0x0F 时，指示灯 1 单灯闪烁，继电器闭合供电；当通信口发送控制指令数据 0x0A 0xF0 时，指示灯 8 单灯闪烁，继电器断开断电。

（3）按键控制：当系统未处于高温急停状态并且未处于指令关闭控制状态时，可以接受按键控制，否则不接受按键控制；当有按键按下时，指示灯组状态按顺时针旋转亮灭、逆时针旋转亮灭两种亮灯模式交替切换，每按下一次即切换，系统上电时指示灯 5 单灯闪烁，顺时针旋转时表示按键控制继电器闭合供电，逆时针旋转时表示按键控制继电器断开断电。

（4）串口通信参数：设置波特率、数据位、停止位和奇偶校验位等。

（5）控制优先级：高温急停优先级最高，通信控制其次，按键控制最低。

2-6-1　配置并生成目标工程

CubeMX 是 ST 公司为其生产的 32 位单片机配套的芯片配置软件，通过这个软件，可以在图形化的界面中，轻松配置系统时钟、I/O 口、通信口、中断等功能，一键生成目标代码，用户仅需要在生成的代码中组织工作流程代码即可，省去了一般单片机开发过程中的底层模块驱动程序编写，大大降低了开发难度。目前很多公司生产的 32 位单片机都不约而同地兼容该软件，并且单片机的型号都与 ST 公司的命名方式相似，比如项目中采用的 STM32F103C8T6 即是与 ST 公司的 STM32F103C8T6 全功能兼容，不同之处见 APM 数据手册。

打开 CubeMX 的第一个页面如图 2-6-1 所示。

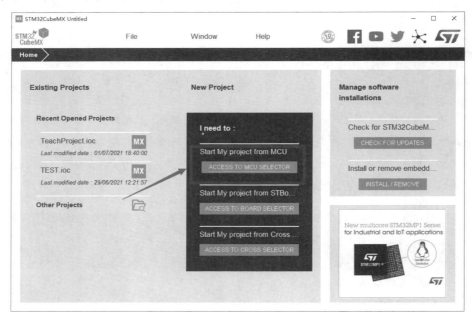

图 2-6-1　CubeMX 启动页

1. 新建工程

开始工程的方式有三种，通过选择单片机开始、通过选择开发板型号开始和通过交叉选择开始，通常选择通过选择单片机开始，点击图 2-6-1 所示画面中的箭头所指按钮，跳出选择单片机型号画面，如图 2-6-2 所示。项目中选择 STM32F103C8T6 型号，该型号属于

ARM Cortex M3 内核的 F1 系列,选择图中 1、2 箭头所指位置,这样可以使右侧列表不显示很多其他单片机型号,便于查找。在右侧区域查找到 STM32F103C8TX,如箭头 3 所指,从本条目可知,该型号单片机为 LQFP48 封装,还可以看到该芯片的批量采购价格、内存容量、Flash、I/O 等信息。

图 2-6-2 选择单片机型号

双击箭头 3 所指条目,系统自动以该型号单片机为基础,新建一个 CubeMX 工程,如图 2-6-3 所示。

图 2-6-3 CubeMX 新建工程

图 2-6-3 中,有管脚管理、时钟管理、工程管理和工具四个操作大类,需要逐个配置,配置好的项目会实时显示在右侧的芯片平面图中。

2. 配置系统时钟

由于硬件没有设计外部时钟,需要使用内部高频时钟 HSI,项目中没有需要高速运行的需求,配置为 8 MHz 总线频率即可。系统默认使用 HSI,如果使用外部晶振,则需要选择 RCC 进行配置,本项目中可以省略。选择时钟配置选项卡,如图 2-6-4 所示,系统默认 1 处总线频率为 8 MHz,2 处选择 HSI,3 处选择项会影响 4 处和 5 处的数值,配置如图 2-6-4 所示即可。

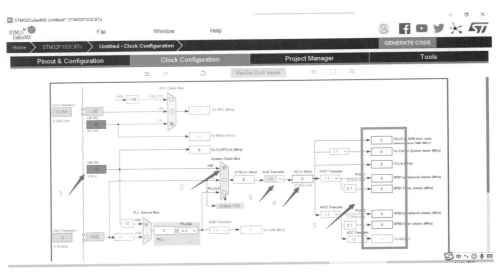

图 2-6-4　配置时钟

3. 配置烧录接口 SWD

在图 2-6-5 中选择左侧列表的"System Core/SYS",在中间列的 Debug 选项中选择"Serial Wire",右侧芯片平面图中会显示相应接口,如图 2-6-5 所示。

图 2-6-5　配置烧录接口 SWD

对比图 2-6-5 和图 2-6-3,可以发现,SWD 烧录接口采用的是 PA13 和 PA14 这两个单片机 I/O 口,其中 PA13 为 SYS_JTC, PA14 为 SYS_JTMS_SWDIO,也就说明 PA13 引脚为烧录接口的时钟输出接口,PA14 引脚为烧录接口的数据接口,数据接口需要在电路设计中加入上拉电阻,具体见硬件设计部分。

4. 配置 I/O 口功能

在芯片平面图中,点击硬件设计中对应的引脚,即弹出选择对话框,按照硬件设计的意图选择即可,如 PB0 引脚为第一颗 LED 指示灯的控制引脚,则需要配置为输出引脚,如图 2-6-6 所示,配置好所有的 I/O 口。

分配 I/O 口资源时,并不是任意分配的,而是由某个 I/O 口所能实现的功能与应用系统中所需实现的功能的匹配度来决定的,不是所有的 I/O 口都具有相同的功能集,因此读者需要了解单片机的 I/O 口资源。

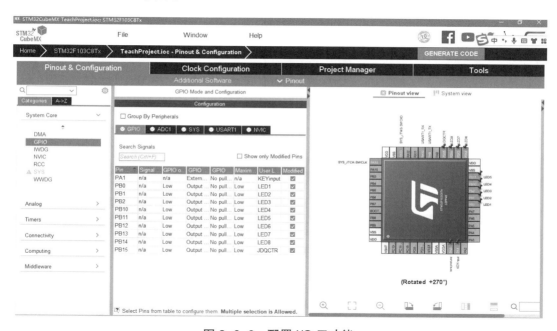

图 2-6-6 配置 I/O 口功能

图 2-6-6 中配置了 6 个 LED 指示灯对应的 I/O 口为 Output,也就是输出引脚,分别命名为 LED1, LED2, ⋯, LED6;PB15 的引脚为继电器控制引脚,也配置为输出引脚。

5. 配置按键

PA1 为采集按键状态的引脚,连接到按键上,因此需要将按键状态输入芯片内部,属于输入引脚,因此可以配置为 Input 引脚。可以采用扫描的方式获得按键状态,图 2-6-7 中配置为外部下降沿中断模式,与硬件的上拉电阻设计相呼应,当按键按下的瞬间即触发下降沿中断,芯片能更快速地捕捉到按键状态变化,配置如图 2-6-7 所示,图中上下拉也可以配置为内部上拉或者内部下拉模式,因在硬件设计中已经设计了外部上拉电阻,故此处设置为没有内部上拉并且也没有内部下拉功能,一般外部上拉电阻比内部上拉电阻在上电过程中能更早地作用于电路。

思考：

中断和扫描的方式有什么不同？

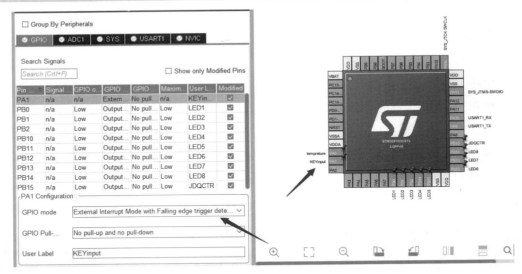

图 2-6-7 配置按键

6. 配置定时器

定时器可以定时执行指定动作,项目中采用定时器 4,配置如图 2-6-8 所示。

图 2-6-8 配置定时器

说明：

由于系统采用内部时钟源，因此定时并不准确，需要准确计时的地方，要用外部晶振。

项目中指示灯闪烁、指示灯亮灭交替时间、串口定时发送数据等操作,均需要计时,因此采用定时器进行准确计时。在图 2-6-8 的左侧列表中选择 "Timers/TIM4"，在中间列表中，配置的具体参数如图中所示，其中参数 Prescaler 中填写 "8000000/10000-1"，可以简单理解为是在设定定时器计数的最小单位，8000000=8 M，即为总线频率，定时器的时钟每秒钟有 8 M 个波形输出，这个最小单位定义了定时器的最小单位为 800 个波形输出时长，由于计算机内部计数均从 0 开始，因此后面做了减一处理；Counter Period 可以简单理解为计数周期，单位是 Prescaler 中定义的最小单位，实例中参数设定为 "2000-1"（减一的原因同上），也就是 2000 个最小单位，即 1600000 个波形输出时长，从而计算出定时器的定时周期为 1600000/8000000=0.2 s，即 200 ms。

在图 2-6-8 的中间列表中找到 NVIC Setting 选项卡，点击后勾选 "TIM4 Global interrupt" 条目的 "Enable" 选择项，使能定时中断。

7. 配置串口

串口是远程控制断路器的对外通信接口，是嵌入式系统中最常用的通信方式之一，串口的配置参数中，最重要的是串口工作模式、波特率、校验方式、停止位、结束位等，配置如图 2-6-9 所示。

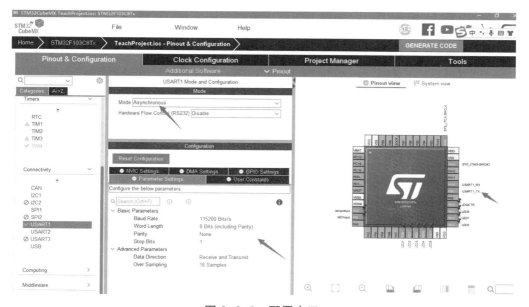

图 2-6-9　配置串口

选择串口 1，工作模式为异步模式，参数设置如图 2-6-9 中所示。在 NVIC Setting 选项卡中点击 "USART1 Global interrupt" 下的 "Enable"，使能串口 1 中断。

8. 确认中断源

项目中串口接收、按键、定时器等功能都要用到中断，因此需要打开中断功能，配置如图 2-6-10 所示。

选中外部中断源、定时器 4 中断源和串口 1 中断源，关于中断优先级，暂时使用默认设置即可，初学者无须关注。由于项目功能较简单，不配置优先级对系统表现基本没有影响。

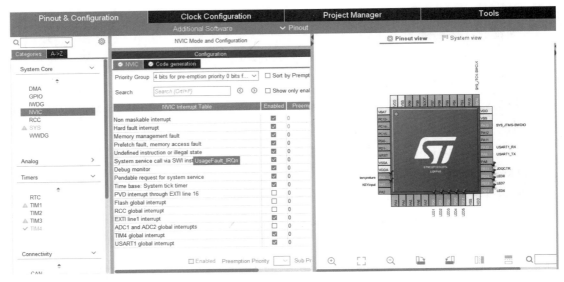

图 2-6-10 配置中断源

9. 配置 ADC 模块

本项目的热敏电阻实验中,热敏电阻属于模拟型传感器,需要使用单片机的 ADC 模块,因此需要配置 ADC 功能,配置如图 2-6-11 所示。

图 2-6-11 配置 ADC 模块

10. 配置工程属性

经过上述配置,项目中所用到的底层硬件模块都已经配置完毕,接下来需要配置工程属性,包括保存工程的路径、工程版本等信息,如图 2-6-12 所示。

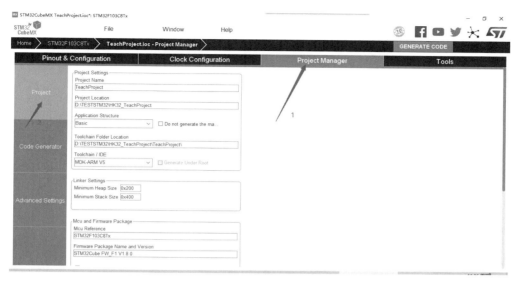

图 2-6-12　配置工程属性

图中工程名及工程路径可以自定义,应用设置配置为"Basic",工具链配置为"MDK-ARM V5",也就是开发环境的版本,其他按默认配置即可。

11. 生成目标代码

如图 2-6-13 所示配置生成代码选项,用户也可以根据自己的需要配置该选项。然后点击图右上角的"GENERATE CODE"按钮生成目标代码和工程。生成完成后,保存工程,即可关闭 CubeMX 软件,目标工程和代码已经在指定位置生成,打开即可进行编辑。

自动生成的 MDK5 的工程文件夹中包含 Drivers、Inc、MDK-ARM、Src 四个文件夹,其中用户需要关注的是 MDK-ARM 和 Src 这两个文件夹,Src 文件夹中存放着所有可编辑的 C 语言源文件;MDK-ARM 文件夹中有工程文件。另外,MDK5 的工程文件夹中还有两个文件,其中 TeachProject.ioc 为 CubeMX 工程文件,可以打开二次编辑并重新生成工程文件,工程结构如图 2-6-14 所示。

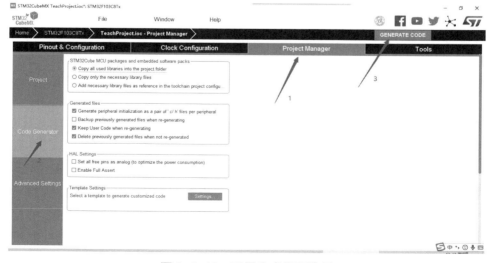

图 2-6-13　配置生成代码选项

名称	修改日期	类型	大小
Drivers	2021/6/29 21:42	文件夹	
Inc	2021/7/2 12:22	文件夹	
MDK-ARM	2021/8/19 11:42	文件夹	
Src	2021/8/19 11:40	文件夹	
.mxproject	2021/7/1 18:40	MXPROJECT 文件	7 KB
TeachProject.ioc	2021/7/1 18:40	STM32CubeMX	6 KB

名称	修改日期	类型	大小
DebugConfig	2021/6/29 21:55	文件夹	
RTE	2021/6/29 21:55	文件夹	
TeachProject	2021/8/19 11:42	文件夹	
EventRecorderStub.scvd	2021/7/2 12:08	SCVD 文件	1 KB
startup_stm32f103xb.lst	2021/7/2 11:55	MASM Listing	38 KB
startup_stm32f103xb.s	2021/7/1 18:40	Assembler Source	13 KB
TeachProject.uvguix.ZHC	2021/8/19 11:42	ZHC 文件	178 KB
TeachProject.uvoptx	2021/7/2 12:49	UVOPTX 文件	19 KB
TeachProject.uvprojx	2021/7/1 18:40	µVision5 Project	20 KB

图 2-6-14　工程结构

2-6-2　工程编译

MDK5 软件编程前需要下载安装一定版本的硬件函数库,也称为 HAL 库,在项目进展中会有相关库函数的详细介绍,课程中不做集中详细讲解,有需要的同学可以查阅相关书籍进行学习,没有 C 语言基础的同学,可以参考附录相关部分学习 C 语言基本语法。

第一步,打开工程。

在图 2-6-14 所示工程文件中,双击 TeachProject.uvprojx 文件,即可打开工程,工程目录结构如图 2-6-15 所示,大部分情况下用户仅需要编辑 Application/User 目录下的文件即可,如 Main.c 等。

图 2-6-15 中,左侧为工程目录区,显示了当前工程中所有可见、可编辑的 C 语言源文件和头文件,双击某个文件后,右侧代码编辑区会打开该文件,上侧为菜单功能区,下侧为状态显示区。

第二步,编译工程代码。

工程代码生成完毕后,用户首先要确认生成的代码有没有问题,包括代码的正确性和语法的正确性,其中语法的正确性可以通过编译实现自动检查,语法有错误,编译时会提示错误。如图 2-6-16 所示,点击菜单功能区所示的第三个按钮,可以实现工程彻底编译,编译完成后,在状态显示区显示错误(Error)的数量为 0,表示工程代码的语法没有问题,一般提示错误的数量大于 0 时,必须解决这些错误后,工程才能使用,否则后续代码也无法正确编译;如果提示警告(Warning)的数量大于 0 时,用户可以不处理,一般不影响后续编译,但用户还是要尽量处理掉这些警告信息。

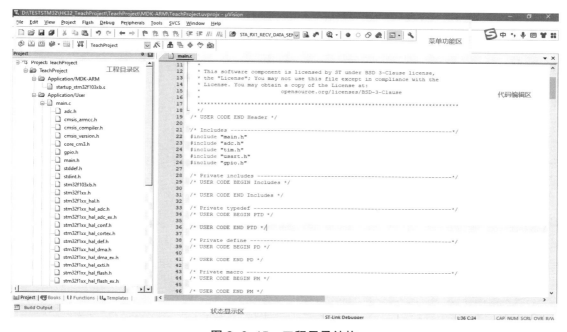

图 2-6-15　工程目录结构

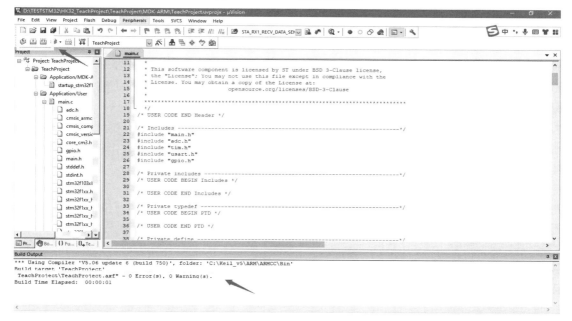

图 2-6-16　编译成功画面

思考:
　第二个按钮为 build,第三个按钮为 rebuild,它们有什么不同?

编译好的工程,打开 main.c 函数,可以看到定时器、串口、GPIO、按键中断等硬件部分已经完成了初始化功能,如图 2-6-17 所示。

图 2-6-17　硬件初始化

◆ 2-6-3　串口数据收发程序设计

一般串口数据的收发软件可以通过查询方式和中断方式进行设计,查询方式的及时性比中断方式差,但是中断方式的中断处理会比查询方式麻烦一些,抛开这两种方式占用资源等方面的考虑,建议初学者在进行串口数据发送时,不要采用中断方式,因为这会涉及大量的中断产生、处理,初学者难以应付。

第一步,认识常用串口操作函数。

串口收发软件设计过程中,常用的库函数有接收和发送两类。常用的库函数如下:

(1)普通发送函数 HAL_UART_Transmit,其定义如图 2-6-18 所示。

图 2-6-18　HAL_UART_Transmit 函数定义

通过函数注释,可知这个发送函数的参数有四个,分别是串口实例、发送缓冲区首地址、发送数量和超时时间等,只要填入这四个参数,然后调用该函数,就可以将数据发送到串口上,如使用 huart1 将 buf 缓冲区中的 6 个数据发送出去:HAL_UART_Transmit

（&huart1,buf,6,0xFFFF)。

（2）DMA 发送函数 HAL_UART_Transmit_DMA，其定义如图 2-6-19 所示。

```
1288  /**
1289   * @brief   Sends an amount of data in DMA mode.
1290   * @note    When UART parity is not enabled (PCE = 0), and Word Length is configured to 9 bits (M1
1291   *          the sent data is handled as a set of u16. In this case, Size must indicate the number
1292   *          of u16 provided through pData.
1293   * @param   huart  Pointer to a UART_HandleTypeDef structure that contains
1294   *                 the configuration information for the specified UART module.
1295   * @param   pData Pointer to data buffer (u8 or u16 data elements).
1296   * @param   Size  Amount of data elements (u8 or u16) to be sent
1297   * @retval  HAL status
1298   */
1299  HAL_StatusTypeDef HAL_UART_Transmit_DMA(UART_HandleTypeDef *huart, uint8_t *pData, uint16_t Size)
```

图 2-6-19　HAL_UART_Transmit_DMA 函数定义

通过函数注释，可知这个发送函数工作在 DMA 模式下，对于初学者而言学习此函数非常困难，此处不做讲解。

（3）中断发送函数 HAL_UART_Transmit_IT，其定义如图 2-6-20 所示。

```
1192  /**
1193   * @brief   Sends an amount of data in non blocking mode.
1194   * @note    When UART parity is not enabled (PCE = 0), and Word Length is configured to 9 bits (M1-M0 = 01),
1195   *          the sent data is handled as a set of u16. In this case, Size must indicate the number
1196   *          of u16 provided through pData.
1197   * @param   huart Pointer to a UART_HandleTypeDef structure that contains
1198   *                the configuration information for the specified UART module.
1199   * @param   pData Pointer to data buffer (u8 or u16 data elements).
1200   * @param   Size  Amount of data elements (u8 or u16) to be sent
1201   * @retval  HAL status
1202   */
1203  HAL_StatusTypeDef HAL_UART_Transmit_IT(UART_HandleTypeDef *huart, uint8_t *pData, uint16_t Size)
```

图 2-6-20　HAL_UART_Transmit_IT 函数定义

通过函数注释，可知这个发送函数工作时不会产生阻塞，但是在此模式下会产生大量的发送中断，对于初学者而言难以应付这些困难，故此处也不做讲解。

（4）串口接收函数。

通常串口接收库函数中包括普通接收函数 HAL_UART_Receive、DMA 接收函数 HAL_UART_Receive_DMA、中断接收函数 HAL_UART_Receive_IT 三种，但在实际的编程过程中，一般不会直接调用这些函数实现数据接收，而是使用接收中断函数，直接接收数据。在生成的代码中，中断处理函数都放在 stm32f1xx_it.c 中。

（5）串口初始化函数。

串口初始化函数由 CubeMX 自动生成，其中包含了串口通信中用到的关键参数的设置，在图 2-6-17 中用鼠标右键单击 MX_USART1_UART_Init( ) 函数，选择查看函数定义，则画面跳转到函数的定义页面中，如图 2-6-21 所示。

（6）串口接收非空中断使能。

串口接收到数据后，会设置一些相关的标记位，供用户编程使用，比如接收非空 UART_FLAG_RXNE、接收空闲 UART_FLAG_IDLE 等，如果用户希望产生这些事件时，通过中断通知用户，则需要使能响应的中断向量，使用方法如图 2-6-22 中的 113 行代码所示。在进入主循环之前，需要使能接收非空中断，用以判断是否有数据到来，则需要在主循环之前加一行代码，如图 2-6-22 所示。

```
main.c    usart.c
20   /* Includes --------------------------------------------
21   #include "usart.h"
22
23   /* USER CODE BEGIN 0 */
24
25   /* USER CODE END 0 */
26
27   UART_HandleTypeDef huart1;
28
29   /* USART1 init function */
30
31   void MX_USART1_UART_Init(void)
32   {
33
34     huart1.Instance = USART1;
35     huart1.Init.BaudRate = 115200;
36     huart1.Init.WordLength = UART_WORDLENGTH_8B;
37     huart1.Init.StopBits = UART_STOPBITS_1;
38     huart1.Init.Parity = UART_PARITY_NONE;
39     huart1.Init.Mode = UART_MODE_TX_RX;
40     huart1.Init.HwFlowCtl = UART_HWCONTROL_NONE;
41     huart1.Init.OverSampling = UART_OVERSAMPLING_16;
42     if (HAL_UART_Init(&huart1) != HAL_OK)
43     {
44       Error_Handler();
45     }
46
47   }
48
```

图 2-6-21　串口初始化定义

```
113      __HAL_UART_ENABLE_IT(&huart1,UART_IT_RXNE);
114      /* USER CODE END 2 */
115
116      /* Infinite loop */
117      /* USER CODE BEGIN WHILE */
118      while (1)
```

图 2-6-22　使能接收非空中断

第二步,编程实现串口发送功能。

首先在系统中定义一个数据缓冲区,命名为 buf,长度为 5,用户可以根据自己的需要自定义缓冲区,定义时,先规划好每个数据部分的具体功能,不要造成使用混乱,项目中规划如图 2-6-23 所示。

```
uint8_t buf[]={0,0,0,0,0,0};//串口指令字段[0、1],高温急停[2],温度AD值[3、4],指示灯组状态[5]
```

图 2-6-23　缓冲区定义

然后,在需要进行串口数据发送的位置,将数据填充到缓冲区后,调用串口数据发送函数,进行数据发送,一般不推荐在中断函数中进行数据发送,而是在 main 函数的主循环中进行发送处理,本项目中将在主循环中对循环次数进行计数,每 3000 次循环发送一次串口数据,如图 2-6-24 所示。

```
196      //向串口发送系统缓存信息
197      i=(i+1)%3000;
198      if(i==0) HAL_UART_Transmit(&huart1,buf,6,100);
```

图 2-6-24　串口数据发送

> **说明：**
>
> 结合 C 语言取余运算，理解 3000 次循环发送一次串口数据是如何实现的。

第三步，编程实现串口接收功能。

用户无法准确预知数据什么时候从接口到达，为了及时接收数据，通常采用中断的方式，只要发现有数据到来，立即接收处理。打开 stm32f1xx_it.c 文件，找到串口处理中断函数 USART1_IRQHandler，注释掉原有处理函数，增加自定义函数 HAL_UART1_IRQHandler，修改后如图 2-6-25 所示。

```
229  /**
230    * @brief This function handles USART1 global interrupt.
231    */
232  void USART1_IRQHandler(void)
233  {
234    /* USER CODE BEGIN USART1_IRQn 0 */
235    HAL_UART1_IRQHandler();
236    /* USER CODE END USART1_IRQn 0 */
237    HAL_UART_IRQHandler(&huart1);
238    /* USER CODE BEGIN USART1_IRQn 1 */
239
240    /* USER CODE END USART1_IRQn 1 */
241  }
242
```

图 2-6-25 串口数据接收

在 main.c 文件的末尾增加自定义函数 HAL_UART1_IRQHandler 的定义，在串口接收中断机制中，一旦有 UART_FLAG_RXNE 事件出现，则说明串口模块已经接收到至少一个数据，则程序需要及时将这个数据保存到缓冲区中；如果有持续不断的数据发送过来，则需要持续接收，否则会产生 UART_FLAG_IDLE 事件，表示串口已经空闲，数据接收告一段落，接收功能代码如图 2-6-26 所示。

```
314  void HAL_UART1_IRQHandler()
315  {
316    if(__HAL_UART_GET_FLAG(&huart1,UART_FLAG_RXNE)!=RESET)
317    {
318      __HAL_UART_ENABLE_IT(&huart1,UART_IT_IDLE);
319      buf[buf_p++]=(uint8_t)(huart1.Instance->DR)&(uint8_t)0X00FF;
320      __HAL_UART_CLEAR_FLAG(&huart1,UART_FLAG_RXNE);
321    }
322    if(__HAL_UART_GET_FLAG(&huart1,UART_FLAG_IDLE)!=RESET)
323    {
324      __HAL_UART_DISABLE_IT(&huart1,UART_IT_IDLE);
325      UART_rcv_ok=1;
326    }
327  }
328  /* USER CODE END 4 */
```

图 2-6-26 串口接收函数定义

> **说明：**
>
> 注意 UART_IT_IDLE 和 UART_FLAG_IDLE，UART_FLAG_RXNE 和 UART_IT_RXNE 的区别。

在图 2-6-26 所示函数中,不断接收数据依次存入缓冲区 buf 中,接收完毕后,置标记位 UART_rcv_ok 为 1,在主流程中只要判断这个标记位,就能知道 buf 中有没有新收到的数据 或指令,进行进一步处理即可,详细处理过程见系统控制代码设计部分。

2-6-4　按键处理程序设计

按键事件往往需要系统及时响应,否则会给用户一种系统反应慢的感觉,因此中断事 件一般会安排在外部输入中断中处理。

先要查找外部输入中断程序入口。打开 stm32f1xx_it.c 文件,找到外部输入处理函数, 如图 2-6-27 所示。

```
201  /**
202    * @brief This function handles EXTI line1 interrupt.
203    */
204  void EXTI1_IRQHandler(void)
205  {
206    /* USER CODE BEGIN EXTI1_IRQn 0 */
207
208    /* USER CODE END EXTI1_IRQn 0 */
209    HAL_GPIO_EXTI_IRQHandler(GPIO_PIN_1);
210    /* USER CODE BEGIN EXTI1_IRQn 1 */
211
212    /* USER CODE END EXTI1_IRQn 1 */
213  }
214
```

图 2-6-27　按键处理函数入口

通过图 2-6-27 中的函数可以看到,按键处理功能由 GPIO 外部输入中断处理函数 HAL_GPIO_EXTI_IRQHandler 负责,用鼠标右击该函数,跳转到这个函数的定义位置,如图 2-6-28 所示。

```
542  /**
543    * @brief  This function handles EXTI interrupt request.
544    * @param  GPIO_Pin: Specifies the pins connected EXTI line
545    * @retval None
546    */
547  void HAL_GPIO_EXTI_IRQHandler(uint16_t GPIO_Pin)
548  {
549    /* EXTI line interrupt detected */
550    if (__HAL_GPIO_EXTI_GET_IT(GPIO_Pin) != 0x00u)
551    {
552      __HAL_GPIO_EXTI_CLEAR_IT(GPIO_Pin);
553      HAL_GPIO_EXTI_Callback(GPIO_Pin);
554    }
555  }
556
```

图 2-6-28　GPIO 外部输入中断函数入口

在图 2-6-28 中的函数包含两个功能:552 行的函数负责清除中断标记位;553 行的函 数负责处理这个中断的应用功能。继续追踪这个函数的定义,如图 2-6-29 所示。

图 2-6-29 中,函数类型的前面有个 __weak 字样,说明该函数是可以被相同名称用户 重写的,因此到 main.c 文件的末尾重写这个函数功能,如图 2-6-30 所示。

```
557  ┌/**
558   * @brief  EXTI line detection callbacks.
559   * @param  GPIO_Pin: Specifies the pins connected EXTI line
560   * @retval None
561  ⌐ */
562  __weak void HAL_GPIO_EXTI_Callback(uint16_t GPIO_Pin)
563  ┌{
564     /* Prevent unused argument(s) compilation warning */
565     UNUSED(GPIO_Pin);
566  ┌ /* NOTE: This function Should not be modified, when the callback is needed,
567             the HAL_GPIO_EXTI_Callback could be implemented in the user file
568  ⌐ */
569  }
570  ⌐
```

图 2-6-29　GPIO 外部输入处理函数

```
295  void HAL_GPIO_EXTI_Callback(uint16_t GPIO_Pin)
296 ┌{
297    if(GPIO_Pin&KEYinput_Pin)
298 ┌  {
299      KeyDown=1;
300 ⌐  }
301 ⌐}
```

图 2-6-30　按键处理函数

在图 2-6-30 所示函数中,一旦检测到外部输入中断,则设置标记位 KeyDown 变量为 1,此时在主循环中可以通过这个变量的变化,得到按键按下的通知,即可进行用户应用程序的编写,应用程序见系统控制代码设计部分。

2-6-5　指示灯组控制程序设计

指示灯组的程序设计涉及单灯控制和灯组控制两部分,灯组控制在定时器中实现,使指示灯组动画效果更匀称,动画更细腻。

第一步,GPIO 单灯控制程序设计。

在函数库中,GPIO 的操作函数常用的有三个,分别是 GPIO 输入读取函数:GPIO_PinState HAL_GPIO_ReadPin(GPIO_TypeDef *GPIOx,uint16_t GPIO_Pin);GPIO 输出控制函数:HAL_GPIO_WritePin(GPIO_TypeDef *GPIOx,uint16_t GPIO_Pin,GPIO_PinState PinState);GPIO 输出电平切换函数:HAL_GPIO_TogglePin(GPIO_TypeDef *GPIOx,uint16_t GPIO_Pin),项目中要实现指示灯的亮灭控制,可采用输出电平切换函数,比如让 LED1 指示灯亮灭切换一次,可以执行代码:HAL_GPIO_TogglePin(LED1_GPIO_Port,LED1_Pin)。

本项目使用输出控制函数编写了熄灭所有灯的函数,如图 2-6-31 所示。

```
302  void Close_all_led()
303 ┌{
304    HAL_GPIO_WritePin(LED1_GPIO_Port,LED1_Pin,GPIO_PIN_RESET);
305    HAL_GPIO_WritePin(LED2_GPIO_Port,LED2_Pin,GPIO_PIN_RESET);
306    HAL_GPIO_WritePin(LED3_GPIO_Port,LED3_Pin,GPIO_PIN_RESET);
307    HAL_GPIO_WritePin(LED4_GPIO_Port,LED4_Pin,GPIO_PIN_RESET);
308    HAL_GPIO_WritePin(LED5_GPIO_Port,LED5_Pin,GPIO_PIN_RESET);
309    HAL_GPIO_WritePin(LED6_GPIO_Port,LED6_Pin,GPIO_PIN_RESET);
310    HAL_GPIO_WritePin(LED7_GPIO_Port,LED7_Pin,GPIO_PIN_RESET);
311    HAL_GPIO_WritePin(LED8_GPIO_Port,LED8_Pin,GPIO_PIN_RESET);
312 ⌐}
```

图 2-6-31　熄灭所有灯函数

第二步，定时器程序设计。

定时器可以精确计时，每到定时周期满时，会产生一次定时中断，在定时中断处理函数中设计用户功能，就可以实现周期性做某个事情的效果，比如指示灯的闪烁等。打开 stm32f1xx_it.c，找到定时器中断处理函数 TIM4_IRQHandler，如图 2-6-32 所示。

```
215 ┌/**
216     * @brief This function handles TIM4 global interrupt.
217     */
218  void TIM4_IRQHandler(void)
219 ┌{
220     /* USER CODE BEGIN TIM4_IRQn 0 */
221
222     /* USER CODE END TIM4_IRQn 0 */
223     HAL_TIM_IRQHandler(&htim4);
224     /* USER CODE BEGIN TIM4_IRQn 1 */
225
226     /* USER CODE END TIM4_IRQn 1 */
227  }
228 └
```

图 2-6-32　定时器 4 中断函数入口

图 2-6-32 中，中断处理是由函数 HAL_TIM_IRQHandler 负责，因此再次找到该函数的定义，该函数的定义很长，有几十行代码，在代码中找到 TIM Update event 处理部分，也就是定时器时间更新事件，部分代码如图 2-6-33 所示。

```
3161 ┌/**
3162     * @brief  This function handles TIM interrupts requests.
3163     * @param  htim TIM  handle
3164     * @retval None
3165     */
3166  void HAL_TIM_IRQHandler(TIM_HandleTypeDef *htim)
3167 ┌{
3168     /* Capture compare 1 event */
3169     if (__HAL_TIM_GET_FLAG(htim, TIM_FLAG_CC1) != RESET)
3170     {
3171       if (__HAL_TIM_GET_IT_SOURCE(htim, TIM_IT_CC1) != RESET)
3172       {
```
           中间代码省略......
```
3297 ┌#if (USE_HAL_TIM_REGISTER_CALLBACKS == 1)
3298        htim->PeriodElapsedCallback(htim);
3299  #else
3300        HAL_TIM_PeriodElapsedCallback(htim);
3301  #endif /* USE_HAL_TIM_REGISTER_CALLBACKS */
3302       }
3303     }
```
           中间代码省略......
```
3339        HAL_TIMEx_CommutCallback(htim);
3340  #endif /* USE_HAL_TIM_REGISTER_CALLBACKS */
3341       }
3342     }
3343  }
3344
```

图 2-6-33　定时器处理函数入口

通过对图 2-6-33 中的这段代码分析可知，定时器的处理实际上是由 HAL_TIM_PeriodElapsedCallback 这个函数对定时器计数的，找到该函数的定义，如图 2-6-34 所示。

从图 2-6-34 可知，这也是个 weak 函数，因此在 main.c 文件的末尾再次重写该函数，编写指示灯组控制函数，如图 2-6-35 所示。

```
4826  /**
4827   * @brief  Period elapsed callback in non-blocking mode
4828   * @param  htim TIM handle
4829   * @retval None
4830   */
4831  __weak void HAL_TIM_PeriodElapsedCallback(TIM_HandleTypeDef *htim)
4832  {
4833    /* Prevent unused argument(s) compilation warning */
4834    UNUSED(htim);
4835
4836    /* NOTE : This function should not be modified, when the callback is needed,
4837             the HAL_TIM_PeriodElapsedCallback could be implemented in the user file
4838    */
4839  }
4840
```

图 2-6-34 定时器处理回调函数

```
245  void HAL_TIM_PeriodElapsedCallback(TIM_HandleTypeDef *htim)
246  {
247    if(Stop_timer!=0)
248    {
249      KeyDown=0;
250      LED_LOOP=0;
251      return;
252    }
253    if(htim->Instance==TIM4)
254    {
255      if(LED_Direction==0)
256      {
257        LED_LOOP=LED_LOOP+1;
258        if(LED_LOOP>8)
259        {
260          LED_LOOP=1;
261        }
262      }
263      else if(LED_Direction==1)
264      {
265        LED_LOOP=LED_LOOP-1;
266        if(LED_LOOP<1)
267        {
268          LED_LOOP=8;
269        }
270      }
271      else if(LED_Direction==2)
272      {
273        LED_LOOP=1;    //第1个灯单灯闪烁
274      }
275      else if(LED_Direction==3)
276      {
277        LED_LOOP=8;    //第8个灯单灯闪烁
278      }
279      else
280      {
281        LED_LOOP=5;//第5个灯单灯闪烁
282        if(LED_Direction>4)LED_Direction=4;
283      }
284      if(LED_LOOP==1) HAL_GPIO_TogglePin(LED1_GPIO_Port,LED1_Pin);
285      else if(LED_LOOP==2) HAL_GPIO_TogglePin(LED2_GPIO_Port,LED2_Pin);
286      else if(LED_LOOP==3) HAL_GPIO_TogglePin(LED3_GPIO_Port,LED3_Pin);
287      else if(LED_LOOP==4) HAL_GPIO_TogglePin(LED4_GPIO_Port,LED4_Pin);
288      else if(LED_LOOP==5) HAL_GPIO_TogglePin(LED5_GPIO_Port,LED5_Pin);
289      else if(LED_LOOP==6) HAL_GPIO_TogglePin(LED6_GPIO_Port,LED6_Pin);
290      else if(LED_LOOP==7) HAL_GPIO_TogglePin(LED7_GPIO_Port,LED7_Pin);
291      else if(LED_LOOP==8) {HAL_GPIO_TogglePin(LED8_GPIO_Port,LED8_Pin);}
292      else LED_LOOP=1;
293    }
294  }
```

图 2-6-35 指示灯组控制函数

函数中的代码主要实现了指示灯的动画效果,通过 HAL_GPIO_TogglePin 函数实现对预定指示灯状态的反转。代码中使用 LED_Direction 变量标示指示灯组的亮灯方式，LED_Direction=0 表示顺时针旋转亮灭交替动画，LED_Direction=1 表示逆时针旋转亮灭交替动画，LED_Direction=2 表示第一个指示灯单灯闪烁动画，LED_Direction=3 表示第八个指示灯单灯闪烁动画，LED_Direction 等于其他数值时表示第五个指示灯单灯闪烁动画，系统刚上电运行时，默认 LED_Direction=4，项目中还定义了其他若干变量，具体定义如图 2-6-36 所示。

```
60  /* Private user code -------------------------------------------------*/
61  /* USER CODE BEGIN 0 */
62  int LED_LOOP=5;
63  int LED_Direction=4;
64  int KeyDown=0;
65  int Stop_timer=0;
66  int Tvalues=0;
67  uint8_t buf[100]={0,0,0,0,0,0};//串口指令字段[0、1]，高温急停[2]，温度AD值[3、4],指示灯组状态[5]
68  int buf_p=0;
69  int UART_rcv_ok=0;
70  int SYS_stop=0;
71  int i=0;
72  /* USER CODE END 0 */
```

图 2-6-36   工程全局变量定义

◆   2-6-6   温度采样程序设计

温度采样电路中，选择的是模拟型传感器，因此需要将模拟量（电阻值）的大小转换成温度值的大小，能被单片机识别的信号只有电压信号，因此在电路设计中设计了电阻转电压的电路，并接到了单片机的 ADC 口上。程序设计方面要实现单片机 ADC 功能，采用轮询的方式操作 ADC 模块，共需要三个过程，用到了三个库函数。

第一步，开启一次 ADC 转换过程：

```
/**
  * @brief  Enables ADC, starts conversion of regular group.
  *         Interruptions enabled in this function: None.
  * @param  hadc: ADC handle
  * @retval HAL status
  */
HAL_StatusTypeDef HAL_ADC_Start(ADC_HandleTypeDef* hadc);
```

开启一次 ADC 转换过程后，AD 模块开始工作，将 ADC 接口的电压信号转换成数字量 AD 值，转换完成后将这个 AD 值存放在固定的寄存器中。

第二步，等待 ADC 转换完毕：

```
/**
 * @brief  Wait for regular group conversion to be completed.
 * Polling cannot be done on each conversion inside the sequence.
 * In this case, polling is replaced by wait for maximum conversion time.
 * @param  hadc: ADC handle
```

```
 * @param  Timeout: Timeout value in millisecond.
 * @retval HAL status
 */
HAL_StatusTypeDef HAL_ADC_PollForConversion(ADC_HandleTypeDef* hadc,
uint32_t Timeout);
```

一次 ADC 转换过程需要经过一段时间才能完成,本函数是在查询是否转换结束,只有转换结束,才能获取转换结果。

第三步,获取转换结果:

```
/**
 * @brief  Get ADC regular group conversion result.
 * @note   Reading register DR automatically clears ADC flag EOC
 * @note   This function does not clear ADC flag EOS
 * @param  hadc: ADC handle
 * @retval ADC group regular conversion data
 */
uint32_t HAL_ADC_GetValue(ADC_HandleTypeDef* hadc);
```

获取到的转换结果也就是 AD 值,在函数中定义为一个 32 位数字,实际上大部分位数都用到,接收结果时可以将高位无用的位数去掉,12 位的 ADC 一般末尾不太稳定,使用时可以丢弃掉低两位,温度采样程序如图 2-6-37 所示。

```
175        //3、温度采样
176        HAL_ADC_Start(&hadc1);//启动一次ADC
177        if(HAL_ADC_PollForConversion(&hadc1,100)==HAL_OK) //查询是否转换完毕
178      ┌ {
179            Tvalues=HAL_ADC_GetValue(&hadc1);//获取一次AD值
180
181            Tvalues=Tvalues>>2;//进行一次AD值处理
182            buf[4]=Tvalues;
183            buf[3]=Tvalues>>8;
184            if(Tvalues<0x60) //设定一个高温急停温度值对应的AD值,并判断是否超温
185          ┌ {
186                SYS_stop=1;
187                buf[2]=SYS_stop;
188                LED_Direction=3;
189                HAL_GPIO_WritePin(JDQCTR_GPIO_Port,JDQCTR_Pin,1);//继电器电路断开
190          └ }
191            else //未超温处理
192          ┌ {
193                SYS_stop=0;
194                buf[2]=SYS_stop;
195          └ }
196      └ }
```

图 2-6-37　温度采样程序

思考:

为什么没有转换成真实的温度值?什么情况下不需要转换?

如果需要转换成温度值,应该如何转换?

◆ 2-6-7　系统控制程序设计

当所有子模块的程序功能都已经设定好了,接下来就要根据用户需要,将各个子模块

的功能串起来,共同实现项目设计目标。项目中主要包括三个方面的应用程序需要组织:按键应用程序控制电路通断和灯组动画、串口指令控制电路通断和灯组动画、温度影响电路通断和灯组动画等,这些部分的功能在 main 函数的主循环中组织,编写代码如图 2-6-38 所示。

```
118   while (1)
119   {
120     /* USER CODE END WHILE */
121
122     /* USER CODE BEGIN 3 */
123     //1、按键控制
124     if(KeyDown==1)
125     {
126       HAL_Delay(100);
127       if(KeyDown==1)
128       {
129         Stop_timer=1;
130         //串口控制优先、当串口发送断电指令0AF0后、按键处于失效状态、其他指令对按键无影响
131         if((LED_Direction==1)&&(SYS_stop==0)&&((buf[0]!=0x0A)||(buf[1]!=0xF0)))//1、当前处于按键断电状态
132         {
133           LED_Direction=0;//指示灯组顺时针动画
134           HAL_GPIO_WritePin(JDQCTR_GPIO_Port,JDQCTR_Pin,0);//继电器电路闭合
135         }
136         else if((LED_Direction==0)&&(SYS_stop==0)&&((buf[0]!=0x0A)||(buf[1]!=0xF0)))//2、当前处于按键通电状态
137         {
138           LED_Direction=1;//指示灯组逆时针动画
139           HAL_GPIO_WritePin(JDQCTR_GPIO_Port,JDQCTR_Pin,1);//继电器电路断开
140         }
141         else  if((LED_Direction>1)&&(SYS_stop==0)&&((buf[0]!=0x0A)||(buf[1]!=0xF0)))//3、上电启动,或处于串口指令控制
142         {
143           LED_Direction=1;//指示灯组逆时针动画
144           HAL_GPIO_WritePin(JDQCTR_GPIO_Port,JDQCTR_Pin,1);//继电器电路断开
145         }
146         buf[5]=LED_Direction;//暂存动画方式
147
148         LED_LOOP=0;
149         Close_all_led();
150         Stop_timer=0;
151         KeyDown=0;
152       }
```

```
154     //2、通信控制
155     if(UART_rcv_ok==1)
156     {
157       Stop_timer=1;
158       if((buf[0]==0x0A)&&(buf[1]==0x0F)&&(SYS_stop==0)) //通信控制继电器闭合
159       {
160         LED_Direction=2;
161         HAL_GPIO_WritePin(JDQCTR_GPIO_Port,JDQCTR_Pin,0);//继电器电路闭合
162       }
163       else if((buf[0]==0x0A)&&(buf[1]==0xF0)&&(SYS_stop==0)) //通信控制继电器断开
164       {
165         LED_Direction=3;
166         HAL_GPIO_WritePin(JDQCTR_GPIO_Port,JDQCTR_Pin,1);//继电器电路断开
167       }
168       buf[5]=LED_Direction;//暂存动画方式
169       LED_LOOP=0;
170       Close_all_led();
171       Stop_timer=0;
172       buf_p=0;
173       UART_rcv_ok=0;
174     }
```

175 ~ 196 行中间部分的代码见图 2-6-36

```
197     //向串口发送系统缓存信息
198     i=(i+1)%3000;
199     if(i==0) HAL_UART_Transmit(&huart1,buf,6,100);
200   }
201   /* USER CODE END 3 */
202 }
203
```

图 2-6-38　系统控制代码

主流程也就是 main 函数的死循环部分,周而复始地反复做事情,与中断的区别在于,中断会立刻响应事件,而主流程是把所有的事情排序,依次执行。

1. 按键事件的解析与执行

有按键按下后,在中断处理函数中将 KeyDown 变量的值设置为 1,因此在主循环中可以直接判断该变量的值,以判定有没有按键事件发生,如果有按键事件发生,则延时一段时间后再处理具体事务,防止一次按键被识别为多次。按键事件处理完毕后,要将变量 KeyDown

的值设为 0。

在代码 130 ~ 145 行中,将按键事件细化为继电器的控制和指示灯组的控制两部分,其中继电器的控制在此处直接控制,而指示灯组的控制通过变量 Direction 传递到定时器中断处理函数中,在定时器中进行指示灯组动画的控制执行。

2. 远程控制命令的解析与执行

远程控制指令下发后,串口接收中断函数会将指令保存到缓冲区,并设置标记位 UART_rcv_ok 为 1,因此主流程只要判断标记位是否收到新数据,有则按照指令内容进行设备控制即可,处理完毕后,在 173 行代码中再次将标记位 UART_rcv_ok 的值设为 0,控制代码的逻辑与按键事件处理逻辑相似,可仿照设计。

3. 温度控制程序的解析与执行

温度值与 AD 值呈线性对应关系,因此使用温度值作为临界点判断与使用 AD 值进行临界点判断是一样的效果,项目中直接取特定 AD 值作为高温急停事件的临界点。

◆ 2-6-8 程序编译下载

经过以上过程的程序设计后,项目设计目标代码已基本书写完毕,保存后点击编译器工具栏的编译按钮,执行编译,如图 2-6-16 所示,直到编译通过。编译成功后,用 STlink 烧录器连接电脑 USB 和电路板的 SWD 接口,如图 2-6-39 所示。

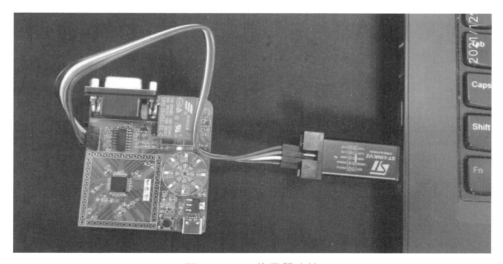

图 2-6-39 烧录器连接

硬件连接完成后,点击图 2-6-40 中箭头所指按钮,执行程序烧录任务,下载完毕后,状态显示区提示烧录信息,如图 2-6-40 所示。

如图 2-6-40 所示,烧录至少包括三个过程:擦除、下载、校验,三个过程均无误,才表示下载成功。烧录成功后,程序并没有在硬件中执行,如果想程序能直接执行,需要设置配置项,如图 2-6-41 所示。

图 2-6-41 中,点击箭头 3 后面的"settings"按钮,在弹出的对话框中选择"Reset and Run"复选框,下载程序后无须启动,程序即可自动运行。

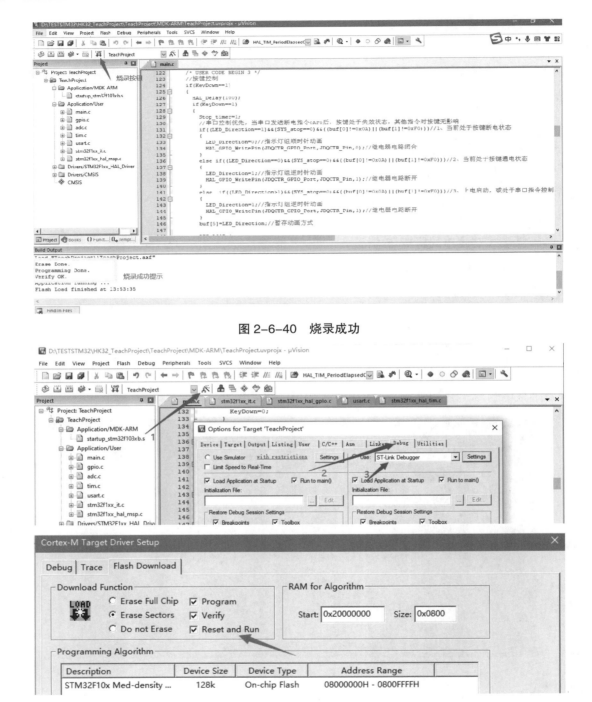

图 2-6-40　烧录成功

图 2-6-41　设置配置项

◆　2-6-9　联机运行

智能硬件的电路板焊接完毕,程序编写、编译、下载成功后,系统开始运行,此时可以对照设计任务书及任务目标要求,对智能硬件进行测试,检验智能硬件是否实现了预定目标,硬件连接图如图 2-6-42(a)所示。

连接串口转 USB 线和 TypeC 接口,电路板开始工作,在电脑上打开串口调试工具,设定串口参数如图 2-6-42(b) 所示,则串口调试工具界面中会接收到电路板发来的数据,也可以通过串口调试工具发送控制指令,查看电路板的功能是否正常。

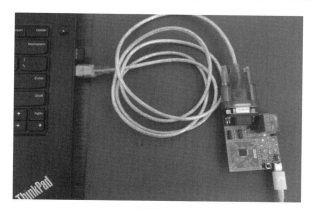 

(a)硬件连接图　　　　　　　　　　　　　　　　(b)设定串口参数

图 2-6-42　系统联机测试

1. 按键控灯

上电后,LED5 单灯闪烁,继电器灯亮,表示上电后正常供电。

按键按一次,指示灯组状态按逆时针旋转依次亮灭,继电器灯熄灭,并能听到一声清脆的继电器吸合声音,表示按键后系统断电。

再次按键,指示灯组状态按顺时针旋转依次亮灭,继电器灯点亮,并能听到一声清脆的继电器释放声音,表示按键后再次正常供电。

2. 通信控灯

当通信口发送数据 0x0A 0x0F 时,指示灯组状态按逆时针依次亮灭,继电器灯熄灭,表示通信后系统断电,此时按按键,不会响应按键操作。

当通信口发送数据 0x0A 0xF0 时,指示灯组状态按顺时针依次亮灭,继电器灯点亮,表示通信后再次正常供电,此时正常响应按键操作。

3. 高温急停

用手摸着传感器,为温度传感器升温,观察串口调试工具输出的温度 AD 值,当小于设定值时,通信和按键均无响应,并且继电器灯熄灭,表示已经强制断电。

测试成功后,说明该智能硬件的设计已经符合设计要求,设计阶段暂时告一段落,进入系统交付阶段。

任务 2-7　智慧能控远程断路器系统验收交付

 任务课时

2 课时

任务导入

　　远程控制断路器硬件电路板已经焊接集成完毕，程序代码编写完毕，并编译、下载成功，经过联机调试验证，已经符合交付条件，因此可以进入验收交付阶段了。

任务目标

　　使读者能编制系统验收细则和验收标准，在双方见证后，甲乙双方签字盖章，作为项目收工的重要存档材料。

任务展开

　　验收细则一般与验收标准相对应，在每个验收项后，由乙方客户在验收结果栏签署是否合格意见，如有不合格的验收项，需要在验收结果中明确标明，并在备注区书面约定措施，作为二次验收的依据。

　　智慧能控远程断路器系统设计验收细则及标准如表 2-7-1 所示。

表 2-7-1　智慧能控远程断路器系统设计验收细则及标准

项目甲方：××××学院智慧校园服务中心
项目乙方：智能硬件设计工作室

项目简介：
　　××××学院智慧校园建设工程的智慧能控项目中,需要对智慧宿舍、智慧教室等用电网格进行远程用电控制,可以通过通信接口向远程断路器系统发送控制指令,远程控制电源的断开与供给,也可以实现现场按键控制及高温急停等功能。为了兼顾教学需求,要求将主控芯片的所有 I/O 口引出,供二次开发使用,并且设计 LED 指示灯组,形象地展示电机运转状态

验收细则	验收标准	验收结果
1. 供电输入	使用 TypeC 接口,提供 5 VDC 电源供给,芯片采用 3.3 V 供电	
2. 工作环境	在温度为 −10 ~ 80℃,湿度 <90% 且无结露、无凝霜情况下能正常工作	
3. 交互方式	按键交互	
	具有远程控制接口指令交互	
	超温自控	
4. 通信控制响应时间	电机处于停止状态下,正转或反转的控制指令执行反应时间 <1 s	
5. 控制指令	0x0A 0x0F:指示灯组逆时针旋转亮灭,断开电源供给	
	0x0A 0xF0:指示灯组顺时针旋转亮灭,接通电源供给	

续表

验收细则	验收标准	验收结果
6. 按键	在没有通信断电和超温急停的情况下,可以用按键实现通断电控制功能	
7. 通信口形态	DB9 标准接口,可以与市面上的 USB 转串口标准线缆直接插接使用,线序正确、通信正常	
8. 扩展性	主控芯片所有 I/O 口引出	
	设计光敏传感器电路并焊接集成	
9. 稳定性	电机启动或停止时,系统正常运行,不会造成系统重启、灯组异常显示等故障	
10. 故障率: ≤ 0.01%	交付 10 套成品,用户试用 15 天,未发现异常则认定通过;如果用户反馈有异常,有视频取证超过故障率或者以用户的方式测试 500 次,故障次数 ≤ 5 时,认定通过,否则不通过	
11. 系统单价	根据系统原理图或 PCB 图纸导出的 BOM 表,向相关第三方供应商询价后,系统总价不高于 90 元 / 套,则认定通过	
12. 外观	无损伤,无违法、违规的字样或图示等信息,符合任务书中的外观设计要求,则认定通过	
13. 其他	酌情验证,如有异议,请在备注处书面说明,并填写现场验收意见	

备注:

1.
2.
3.
4.

甲方代表签字盖章:　　　　　　　　　　　乙方代表签字盖章:
　　　　日期:　　　　　　　　　　　　　　　　日期:

　　验收全部通过,是项目完结的重要标志,也是处理日后维保的重要依据之一,双方需要认真对待,甲乙双方在签订设计任务书时,就应该考虑验收细则和验收标准,否则在交付中会遇到理解不一致、验收成果意见不一致的状况,从而形成双方矛盾,影响合作。

任务 2-8　行业拓展案例　基于 51 单片机的远程电控系统设计

　任务课时

4 课时

任务导入

　　项目二中设计了一款可以通过通信、按键、超温等方式实现控制功能的智能硬件系统，项目的设计重点、难点在于通信接口、数字型按键接口、模拟型温度传感器的软硬件设计，学习定时器、串口、GPIO 等模块的使用方法。为了提高读者的最小系统设计能力，将基于 51 单片机的智慧宿舍远程电控系统设计作为举一反三的素材，可以有效锻炼读者对最小系统的理解及动手设计能力。

 任务目标

　　设计一款基于 51 单片机的智慧宿舍远程电控系统，包括远程断路器的所有功能，但主控芯片选择 51 单片机，晶振电路和复位电路不能省略。与智慧能控远程断路器系统的设计思路非常相似，原理相似，控制思路也相近，以此作为举一反三的实践内容，让同学们在反复练习的过程中，掌握智能硬件设计的一般思路和方法。

 任务展开

　　2-8-1　查阅 51 系列任意一款符合要求的单片机资料，学习其基本使用方法，了解其最小系统设计要求。

　　2-8-2　书写基于 51 单片机的智慧宿舍远程电控系统设计任务书。

　　2-8-3　设计基于 51 单片机的智慧宿舍远程电控系统原理图。

　　2-8-4　设计基于 51 单片机的智慧宿舍远程电控系统 PCB 图。

 任务考核

　　（1）要求能提交一份 500 字左右，图文并茂的设计说明文档，能正确表述其设计原理。

　　（2）能设计出系统原理图和线路板 PCB 图纸。

任务 2-9　行业拓展案例　家庭智能新风控制系统设计

 任务课时

　　2 课时

任务导入

新风系统早期出现于工业厂房内，用于引入清新空气，排出污浊空气，近年来开始走进普通家庭，在家装领域通常安装手动新风系统，使用开关的形式让用户控制换风，这种方式只有用户在家并且有空闲时间时才能操作，因此，如果能有一套智能新风控制系统，既可以提高整屋智能化程度，又能随时控制换风或定时自主换风，保护家人的健康。

任务目标

设计一套既能定时启动换风装置，又能远程控制的智能新风系统，每天定时为用户换风，也可以由用户远程控制随时换风，该系统与智慧能控远程断路器系统有相似之处，也有不同之处，以此作为触类旁通的实践内容，让同学们在反复练习和递进思考的过程中，掌握智能硬件设计的一般思路和方法。

任务展开

2-9-1 设计智能新风控制系统原理图。

2-9-2 设计家庭智能新风控制系统 PCB 图。

任务考核

（1）要求能提交一份 200 字左右，图文并茂的设计说明文档，能正确表述其设计原理。

（2）能设计出系统原理图，并在家庭智能新风控制系统的实物电路板上调试程序。

项目三

智慧能控读卡计费系统设计

项目以智慧能控应用场景下读卡计费系统需求为主导，通过编写项目任务书、知识点强化、原理图设计、PCB 设计、程序编写调试、系统验收交付等设计环节，详细讲解包含 RFID 最小系统设计、天线设计、接口设计及程序设计等过程的智能硬件设计流程，通过项目的讲解和实操，读者能理解并掌握包含外扩芯片或模块的智能硬件设计方法，同时掌握简单外部模块接口电路的设计方法及编程思路，重点讲述以 FM1702SL 为设计基础的高频 RFID 模块设计方法、编程方法及在线调试方法。

任务 3-1 **智慧能控读卡计费系统设计任务书**

 任务课时

1 课时

任务导入

在智慧校园中，涉及非常多基于校园一卡通的应用场景，其中智慧能控场景下的读卡扣费系统即是一种典型的应用，学生宿舍内的电表支持 IC 卡充值和扣费、学校食堂支持 IC 卡扣费、自助洗衣机支持刷卡扣费等，学生对这套产品非常熟悉，以此产品为例进行教学设计，学生具有亲切感和熟悉感，可以拉近产品与学生之间的距离，降低学生的学习难度。使用项目二中设计的单片机最小系统，外加本项目中设计的 RFID 读卡模块，即可实现读卡计费系统。

 任务目标

掌握 RFID 最小系统等外围电路的设计方法及基本编程方法。

在项目二中设计的电路板上外接 RFID 模块，并学习在 ARM 芯片中实现 RFID 高频卡识读的方法及编程思路。

在 C# 中编写相关程序，实现模拟扣费操作。

逻辑框架：为了降低学生的开发压力，项目三使用项目二引出了所有 I/O 口资源的电路板作为控制中心硬件部分，本项目主要实现 RFID 读卡模块的硬件设计、控制中心程序设计及电脑端 C# 软件设计三部分，逻辑框图如图 3-1-1 所示。

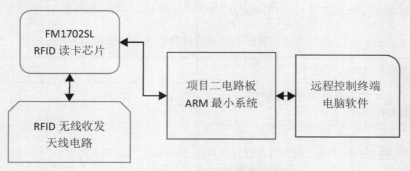

图 3-1-1 读卡计费系统逻辑框图

◆ 3-1-1 智慧能控读卡计费系统项目需求分析

智慧能控读卡计费系统，是一套具备远程通信接口的智能 RFID 系统，能够实现各种校园场景下的卡身份识别、充值、计费等操作,在智慧校园 RFID 读卡计费系统的原型基础上,根据教学难易度要求及大一新生的专业基础情况,对系统功能进行了删减,重在引导同学们发现智能硬件设计之美,并对相关知识点产生兴趣,进而集中精力去学习相关知识。

该系统功能包括以下几点:

1.RFID 读卡功能

RFID 读卡模块是校园一卡通的基础,是实现 IC 卡读卡计费的前提,因此项目中应该设计出一款能进行读卡的 RFID 模块,主要包括 FM1702SL 最小系统电路设计、SPI 接口电路设计及射频天线电路设计等部分。

2. 接口通信功能

RFID 读卡模块在项目二的控制板上实现读卡后,系统应该能够将读卡信息通过通信接口发送到远端,项目中采用串口的形式将卡号信息发到电脑上,在电脑上使用 C# 设计模拟读卡计费功能。

3. 嵌入式控制功能

项目中选择 STM32F103C8T6,选用项目二中的电路板,因此电源设计、最小系统设计等硬件设计均与项目二相同。

4. 读卡计费系统实现

在电脑上,通过 C# 开发环境,设计一款应用程序软件,能显示读卡信息、计费信息及扣费信息等。

◆ 3-1-2 智慧能控读卡计费系统设计任务书

制作设计任务书的目的是将客户需求用技术指标明确化,便于快速、准确理解项目真实需求;有针对性地快速形成解决方案,并将验收细则条目化,避免因理解偏差造成的扯皮事件发生。任务书最重要的是双方的权责划分,甲方明确付款步骤和义务权责,乙方明确技术指标和设计周期,根据 3-1-1 小节的需求分析,设计任务书的编写如表 3-1-1 所示。

表 3-1-1 智慧能控读卡计费系统设计任务书

项目名称:智慧能控读卡计费系统
项目甲方:××××学院智慧校园服务中心 项目乙方:智能硬件设计工作室
项目简介: 　××××学院智慧校园建设工程的智慧能控项目中,需要满足各场景下的刷卡计费功能,校园一卡通采用高频 IC 卡,因此需要设计一款能够识读高频 IC 卡的读卡模块,该模块由 FM1702SL 外围电路、RFID 天线电路、控制中心、通信接口、应用程序软件等部分组成
技术指标: 　(1)读卡芯片:FM1702SL; 　(2)IC 卡射频类型:高频 13.56 MHz;

续表

(3)读卡距离：≥ 30 mm；

(4)读卡频率：≥ 1 次／秒；

(5)故障率：系统应稳定运行，故障率≤ 0.01%；

(6)供电输入：5 VDC，采用 TypeC 接口，充电宝供电；

(7)数据帧：包含帧头、校验的完整数据帧；

(8)可展示性：设计电脑端模拟读卡计费流程；

(9)系统单价：≤ 65 元／套；

(10)工作环境：温度 –10 ~ 80℃；湿度 <90%，无结露、无凝霜；

(11)使用寿命：≥ 1 年；

(12)特殊说明：项目不含外壳模具设计，无须考虑外壳造型

周期与费用：

开发费用总计壹万伍仟元人民币(书中所列价格均不是实际成交价，仅做格式参考)，开发周期为 15 个工作日，启动资金入账日为项目启动日期；项目启动时，甲方支付乙方 40% 费用作为启动资金，项目通过验收后，支付总费用的 50% 款项；一年后，支付 10% 质保金尾款。

甲乙双方根据上述技术指标(除第 11 项)进行项目验收，如果乙方开发的产品无法通过甲方验收，乙方须返还甲方已支付的启动资金，项目自动终止；如果甲方验收通过但无法在 3 个工作日内支付对应款项给乙方，须按日支付违约金给乙方，每日违约金为总款项的 0.1%；未尽事宜双方诚意协商，协商不成则委托当地人民法院依法处理

甲方签字盖章：   乙方签字盖章：

日期：   日期：

任务 3-2　智慧能控读卡计费系统设计知识强化

任务课时

3 课时

任务导入

智慧能控读卡计费系统采用项目二的单片机最小系统、通信接口及 I/O 口资源，设计 SPI 接口与 FM1702SL 系统通信，实现读卡功能，与电脑软件通信，实现计费功能展示；读卡计费涉及私密数据，不能识别成其他卡片信息，更不能在通信中出错，因此需要设计带有校验信息等的通信协议；单片机等常规电路在项目二中已有讲解，项目三中不再赘述。

任务目标

（1）学习 FM1702SL 外围电路的设计方法；

（2）学习 RFID 天线电路的设计方法；

（3）学习基于 ARM 的读卡程序设计方法；

（4）理解通信协议的意义及常规设计方法；

（5）体验、学习 C# 软件设计的方法。

◆　**3-2-1　智慧能控远程断路器系统物料**

通过任务 3-1 可知智慧能控读卡计费系统共计需要单片机最小系统、运行指示灯、TypeC 接口、FM1702SL 及外围电路、串口电路、杜邦线等物料，除项目一和项目二中学习过的物件外，主要物料如图 3-2-1 ~ 图 3-2-3 所示，图 3-2-2 是在项目二的主控板上引出了所有 I/O 口资源的成品图片。

图 3-2-1　FM1702SL

图 3-2-2　主控板

图 3-2-3　杜邦线

◆　3-2-2　FM1702SL 读卡芯片

FM1702SL 是上海复旦微电子集团股份有限公司基于 ISO 14443 标准设计的非接触卡读卡机专用芯片,采用 0.6 微米 CMOS EEPROM 工艺,支持 ISO 14443 typeA 协议和 MIFARE 标准的加密算法。芯片内部高度集成了模拟调制解调电路,只需搭接少量的外围电路就可以工作,支持 SPI 接口,其数字电路具有 TTL、CMOS 两种电压工作模式,特别适用于 ISO 14443 标准下水、电、煤气表等计费系统的读卡器的应用。该芯片的三路电源都可适用于低电压。

该芯片的主要功能特点有:

(1)内部高度集成了模拟调制解调电路,只需搭接少量的外围电路就可以工作。

(2)操作距离可达 10 cm。

(3)支持 ISO 14443 typeA 协议。

(4)包含 512 byte 的 EEPROM,64 byte 的 FIFO。

(5)支持 MIFARE 标准的加密算法。

(6)数字电路具有 TTL、CMOS 两种电压工作模式,软件控制的 power down 模式;数字、模拟和发射模块都有独立的电源供电。

(7)具有一个可编程计时器、一个中断处理器,启动配置可编程。

(8)采用 SOP24 封装,支持 SPI 接口,引脚分布及封装尺寸如图 3-2-4 所示。

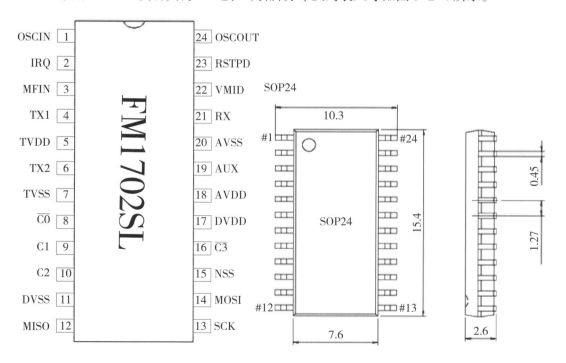

图 3-2-4　FM1702SL 引脚及封装图

FM1702SL 的封装较大,对比 RC500 等芯片的底部封装,FM1702SL 更适合初学者焊接使用,FM1702SL 的引脚功能如表 3-2-1 所示。

表 3-2-1　FM1702SL 的引脚功能

引脚序号	引脚名称	类型	引脚描述
1	OSCIN	I	晶振输入: f_{osc}=13.56 MHz
2	IRQ	O	中断请求:输出中断源请求信号
3	MFIN	I	串行输入:接收满足 ISO 14443 type A 协议的数字串行信号
4	TX1	O	发射口 1:输出经过调制的 13.56 MHz 信号
5	TVDD	PWR	发射器电源:提供 TX1 和 TX2 的输出能量
6	TX2	O	发射口 2:输出经过调制的 13.56 MHz 信号
7	TVSS	PWR	发射器地
8	$\overline{C0}$	I	固定接低电平
9	C1	I	固定接高电平
10	C2	I	固定接高电平
11	DVSS	PWR	数字地
12	MISO	O	主入从出:SPI 接口下数据输出
13	SCK	I	串行时钟(SCK):SPI 接口下时钟信号
14	MOSI	I	主出从入:SPI 接口下数据输入
15	NSS	I	接口选通:选通 SPI 接口模式
16	$\overline{C3}$	I	固定接低电平
17	DVDD	PWR	数字电源
18	AVDD	PWR	模拟电源
19	AUX	O	模拟测试信号输出:输出模拟测试信号,测试信号由 TestAnaOutSel 寄存器选择
20	AVSS	PWR	模拟地
21	RX	I	接收口:接收外部天线耦合过来的 13.56 MHz 回应信号
22	VMID	PWR	内部参考电压:输出内部参考电压 注意:该管脚必须外接 68 nF 电容
23	RSTPD	I	复位及掉电信号:高电平时复位内部电路,晶振停止工作,内部输入管脚和外部电路隔离;下沿触发内部复位程序
24	OSCOUT	O	晶振输出

　　初学者很难一次性看懂 FM1702SL 的引脚功能,并设计出恰当的应用电路,因此需要结合芯片的官方文档中的推荐电路图进行电路设计,在 FM1702SL 的官方文档中,18.1 节给出了 FM1702SL 的典型电路设计图,如图 3-2-5 所示。

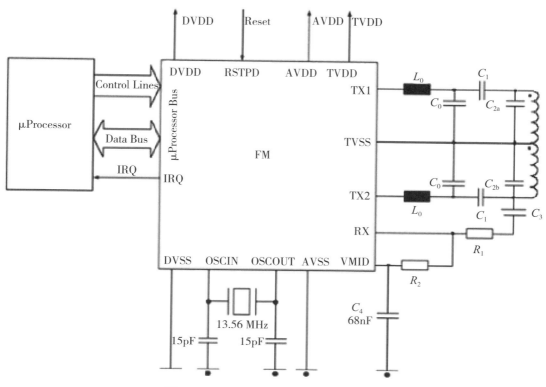

图 3-2-5　FM1702SL 典型电路设计图

FM1702SL 系统工作在 13.56 MHz 频率下,这一频率产生于一外置石英晶体振荡器(晶振),用于驱动 FM1702SL,并为天线提供 13.56 MHz 的振荡载波,除了载波之外,还会有能量以高频谐波的形式向外发射,国标 EMC 规则规定了在一个宽频范围内能量发射的大小,因此必须要有一个合适的滤波器过滤输出信号,以满足此规定。厂家推荐的低通滤波值如表3-2-2 所示。

表 3-2-2　厂家推荐的低通滤波值

器件	值	备注
L_0	$(1.0 \pm 10\%)\mu H$	如 TDK　1R0J
C_0	$(136 \pm 2\%)pF$	NP0 材料
R_1	$(1 \pm 5\%)k\Omega$	
R_2	$(820 \pm 5\%)\Omega$	
R_3	$(68 \pm 2\%)nF$	NP0 材料

> **说明:**
> 这些参数不是一成不变的,与线圈的匝数、形状、阻值等参数相关,针对每个线圈需要微调这些参数。

FM1702SL 的内部接收电路,利用卡的回应信号在副载波的双边带上都具有调制这一功能进行工作,厂家推荐用芯片内部产生的 VMID 作为 RX 管脚输入信号的偏置,为了稳定

VMID 的输出,必须在 VMID 和 GND 之间连接一个电容 C_4。接收电路需要在 RX 和 VMID 之间连接一个分压电路,如图 3-2-5 所示,在实际设计电路中,通常将 FM1702SL 的 TVSS 管脚信号接 GND,其他相关技术细节,见 FM1702SL 的技术文档。

本项目中不设计单片机控制系统,借用项目二的电路板作为主控板,因此 RFID 读卡计费模块采用 8 pin2.54 mm 排针引出,使用杜邦线连接主控板和 RFID 读卡计费模块。

◆ 3-2-3　通信协议

两个及两个以上的智能硬件之间进行通信时,必须约定一个通信协议,精确、详细地说明每个数据的意义、数据长度、头尾信息及校验信息等,否则接收方无法知道发送方发来的数据是什么含义。因此在智能硬件间的通信中,需要制定通信协议,常见的校验方式有奇偶校验、校验和、CRC 校验等。

读卡计费模块与软件之间需要制定一个通信协议,明确读卡计费模块发出的信息每个数据位的长度和意义,方便软件的解析工作,制定的数据帧结构如表 3-2-3 所示。

表 3-2-3　数据帧结构

帧头	卡号信息	序号	校验
0xFA	× × × × × × × ×	× ×	× ×
1 字节	4 字节	1 字节	1 字节校验和

帧头:占一个字节长度,标志一帧数据的开始,固定为 0xFA。

卡号信息:占四个字节长度,填充 RFID 读卡模块读出的卡号信息。

序号:占一个字节长度,每次读到卡后,该序号自动加一,供软件参考使用。

校验:占一个字节长度,为数据帧中从帧头到序号之间的所有数值的校验和,所有数据求和后对 0x100 求余数即可得到校验和,用户收到数据后,首先查验帧头是否正确,然后再计算校验和,查验校验字段是否正确,两者任何一个出错,都说明数据帧出错。

任务 3-3　智慧能控读卡计费系统原理图设计

任务课时

4 课时

任务导入

在任务 3-2 中,已经将大部分电路设计出来了,本任务中,将设计好的电路编辑成原理图文件,以备后续任务中制作电路板。

任务目标

　　利用项目一、项目二中学习的原理图工程建立、元件放置、电路连接、封装设计、原理图检查等技能，完成原理图设计，反复实践，熟能生巧。

　　下面将原理图设计过程一步一步展开。

　　第一步，打开设计软件立创 EDA，建立完工程，系统默认打开原理图设计页面，保存工程名为"FM1702 读卡计费系统"，原理图文件命名为"RFID 原理图"。

　　第二步，从基础库和在线元件库中选择电阻、电容、FM1702SL、排针、晶振等元件放入原理图图纸中，这些常用元件在库中已经存在，因此点击后加入原理图中即可。放置元件时，一定要按照模块化思想做，每个模块内的元器件放在一起，模块内的元件按照相互作用的关系，决定相互之间的位置关系，尽量使连线顺畅，线路不要有交叉、缠绕等现象，实在需要交叉的，可以使用网络标签连线，连线完毕的电路如图 3-3-1 所示。

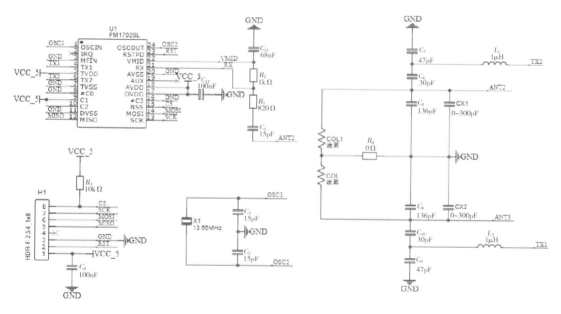

图 3-3-1　原理图制作

　　如图 3-3-1 所示，模块内部的连线尽量用导线直接连接，比较直观，容易检查；模块之间的连线通过网络标签连接，不至于导致整个原理图有蜘蛛网一样繁杂的导线。

　　注意：网络标签是原理图连线的重要形式，读者应该多加练习，与实线连接的方式对比，在实践中了解网络标签的优劣。

　　第三步，检查原理图，直至无设计错误。

　　本节内容较简单，但是需要根据实际元件功能设计不同的电路，根据不同元件外形设计不同的封装图，需要多做一些不同封装形式的元件，熟能生巧，厚积薄发。

任务 3-4　智慧能控读卡计费系统 PCB 图设计

任务课时

6 课时

任务导入

原理图已经制作完毕，可以进入电路板制作阶段，将原理图转化成实物，在反复练习中，锻炼读者的动手实践能力，培养大国工匠精神。

任务目标

使读者掌握带传感器的电路板设计方法，包括原理图转 PCB 图方法、环境参数设置方法、PCB 图边框边界设置方法、PCB 元件布局布线方法、定位孔放置方法、PCB 检测方法等。

第一步，原理图检查确认。在图 3-4-1 中，点击左侧 "设计管理器" 菜单，在弹出的对话框中列出了项目中用到的所有元件及网络标号，可以很清楚地查看网络连接情况。

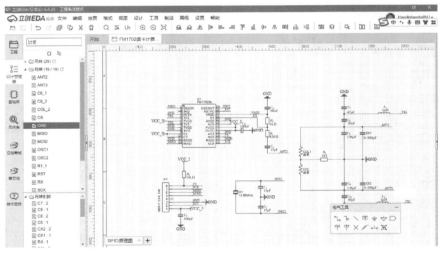

图 3-4-1　原理图检查

> **说明：**
>
> 为了形象地表示线圈，图中使用了两个电阻 COL 和 COL1 表示，另外使用了 ANT1 和 ANT2 两个标号，实际上在转 PCB 时，最好使用一个标号，也不要用电阻表示，直接接 GND 即可。

第二步，原理图转印刷线路板图。在图 3-4-1 中点击"设计 \ 原理图转 PCB"菜单，弹出图 3-4-2 所示对话框，在该对话框中选择单位为 mm，铜箔层也就是板层为 2，其他参数按默认设置即可，点击应用按钮。

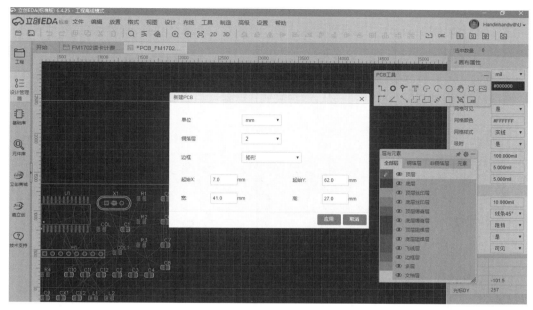

图 3-4-2　原理图转 PCB

点击应用按钮后，系统自动创建了一个以"PCB_FM1702 读卡计费系统"为名称的电路板文件，点击保存按钮保存文件和工程，保存后如图 3-4-3 所示。

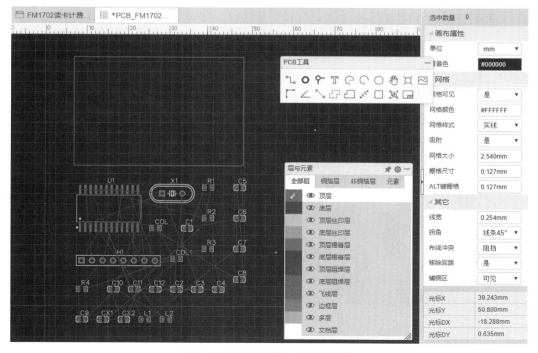

图 3-4-3　新建的 PCB 图纸

第三步,线路板布局与布线。将各个元器件按照连线顺序合理布局,放置固定孔,布线,手动修改线路板边界线,完成如图3-4-4所示的图纸,元件布局及布线原则见项目一相关内容。从图3-4-4中可以看到,电路板的外观可以设计成直线形、圆弧形、折线形等,根据需要灵活设计即可。

将COL和COL1两个电阻删除,使用导线绕成真实线圈,作为读卡器天线,一般线圈设计成与IC卡大小差不多即可,如果是大卡,可以设计为4圈或5圈,如果是小标签卡片,可以设计为6圈或7圈,设计匝数不同,总阻值和总长度也不同,因此要匹配阻、容、感特性,调整电路中的电阻、电容和电感等值,从而实现预定的读卡距离和效果。

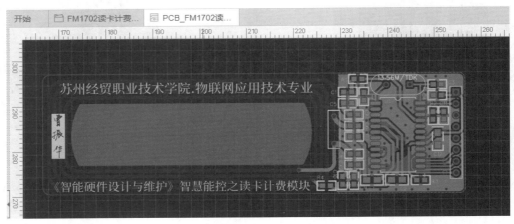

图 3-4-4 完成后的 PCB 图纸

思考:
灰色的开槽是怎么做到的?
先放置矩形、圆弧等元素,组成轮廓,然后逐个变成开槽(转为槽孔)。

第四步,预览。点击"视图\3D预览"按钮,可以看到类似实物的预览效果,如图3-4-5所示。

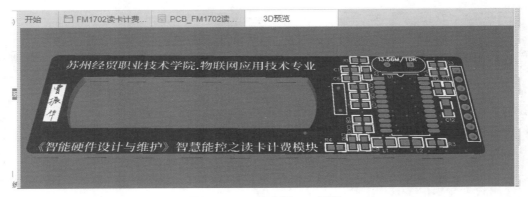

图 3-4-5 线路板 3D 预览

第五步,制作生产文件。参照项目二中的相关步骤,此处不再赘述。

原理图设计及PCB制作,过程很简单,但是需要一定的硬件基础知识,唯有多看、多做才能积累经验,希望同学们勤于实践,勇于创新。

任务 3-5　智慧能控读卡计费系统集成及维护推理

任务课时

2 课时

任务导入

　　PCB 生产加工完毕后,厂家会快递给用户,用户收到电路板实物,并采购到所需元器件后,需要进行焊接集成,集成的过程也就是维修的逆过程,根据故障现象判断故障点,将故障点损坏的元件逆向拿掉后更换新的元件,达到维修维护的目的。

任务目标

　　使读者熟悉电烙铁、焊锡丝、镊子等工具的使用方法,初步掌握故障推理的过程,具备线路板焊接的基本能力,并尝试维修维护智能硬件;注意学习敏感元件的焊接工艺。

◆ 3-5-1　PCB 焊接集成

　　焊接集成的基本要领在项目一和项目二中已经详细讲述,项目三中不再赘述。需要特别注意的是,C_{12} 推荐使用钽电容,钽电容要区分正负极,PCB 中有缺口的一端为正极,不要焊接反了。另外,CX_1 和 CX_2 这两个电容主要用作调整线圈参数,根据不同的线圈确定不同的电容值,以实现参数匹配,推荐使用 5% 精度的电容,防止批量生产时出现读卡效果不一致的状况。系统材料如图 3-5-1 所示。

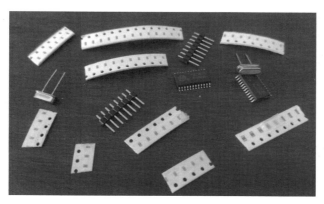

图 3-5-1　系统材料

焊接过程不再赘述,焊接完成的实物如图 3-5-2 所示。

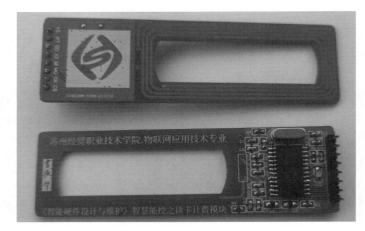

图 3-5-2　实物图

◆　3-5-2　芯片级维修

在图 3-5-2 中,如果 FM1702SL 芯片等元器件损坏了,则需要将焊接在电路板上的 FM1702SL 芯片拿掉,然后焊接一颗新的 FM1702SL 芯片进行修复,用电烙铁可以移除电容、电阻等引脚少、体积小的元件。当元件引脚多,且体积较大、散热较快时,使用电烙铁移除元件容易引起电路板损伤,特别是新手,容易将整个电路板损坏报废,此时需要专业工具——热风枪。

1. 热风枪

热风枪是电路板板级维修的必备工具之一,热风枪可以通过枪口喷出预定速度、预定温度的热风,借助热风可以将元件及其引脚周围的电路吹热,使焊锡熔化,电路板与元件脱离,用镊子可以轻松移除元件。热风枪实物如图 3-5-3 所示。

图 3-5-3(a) 所示为独立式热风枪;图 3-5-3(b) 所示为一体式焊台,包含电烙铁和热风枪两个模块,这种焊台较为常见。

(a)　　　　　　　　　　　　　　　(b)

图 3-5-3　热风枪

2. 芯片移除流程

（1）摆放电路板：将电路板摆放在隔热防火布或电木上，防止高温引起火情或损坏桌面。

（2）调节风枪：将温度调整到 300 ℃左右，风速调小，微风即可，枪口对着空旷的方向，待枪口风温升高。

（3）调整枪口位置：笔式用手握住枪柄，调整枪口和电路板的相对位置，枪口不能朝向电路板有易熔化元件的方向，避免造成二次伤害。

（4）预热元件：枪口在元件周围均匀移动，在元件表面形成同温区域，避免对着同一个地方一直吹，造成电路板灼伤甚至炭化。

（5）移除元件：预热元件的过程中，用另一只手拿着镊子，间断性拨一下元件，边加热边试探移除，直到能轻松移动元件时，用镊子取走元件。注意不要用手移除元件，高温会瞬间灼伤手指，移除后静置直至温度正常；不要硬取元件，在加热时，可能元件的一侧已经松动，但是其他位置可能还未熔化，硬取会导致没有熔化的引脚将电路板焊盘扯断，从而导致电路板报废。

（6）将新的芯片焊接到电路板上。

任务3-6 智慧能控读卡计费系统程序设计及在线调试

任务课时

8 课时

任务导入

读卡计费模块已经设计好，并连接到主控电路板上，下面根据需要设计相应的程序或软件，本任务即是为项目中的读卡计费模块设计 ARM 控制程序及高端电脑软件，实现模拟读卡计费操作，连接好的硬件设备如图 3-6-1 所示。

图 3-6-1　硬件设备连接

> **说明：**
>
> 编写主控板程序时，暂时用串口调试工具查看串口数据，保证通信的一端是稳定的，当 ARM 控制程序编写稳定后，再设计高端电脑控制软件替代串口调试工具。

任务目标

（1）使读者能理解软硬件结合的意义及方法；

（2）复习掌握 CubeMX、MDK5 等软件的使用方法；

（3）学习基于 ARM HAL 库的控制程序设计方法；

（4）学习基于 C# 的高端电脑软件设计方法（入门级）。

设计目标：

(1)ARM 端实现读卡功能，并将读到的信息按照预定协议发送到高端软件；

(2)设计高端电脑软件，实现模拟扣费操作。

◆ 3-6-1 配置并生成目标工程

按照项目二中的步骤，逐步配置工程。

1. 打开 CubeMX 新建工程

通过选择单片机开始建立工程，选择 STM32F103C8Tx，具体步骤见项目二，双击对应条目后，系统自动以改型单片机为基础，新建一个 CubeMx 工程。

2. 配置系统时钟

同项目二中，配置 8 MHz 总线频率，使用内部高频晶振 HSI。

3. 配置烧录口 SWD

同项目二中选择 "System Core/SYS"，Debug 选项中选择 "SerialWire"。

4. 配置 I/O 口功能

在芯片平面图中，点击硬件设计中对应的引脚，即弹出选择对话框，按照硬件设计的意图选择即可，如 PB10 和 PB11 引脚为 LED 指示灯的控制引脚，则需要配置为输出引脚，如图 3-6-2 所示，配置好所有的 I/O 口功能。

5. 配置串口

串口配置见项目二中所述，参数为 115200/N/8/1。

6. 配置 SPI 接口

FM1702SL 与主控板之间通过 SPI 接口通信，典型全功能 SPI 接口使用 5 个 I/O 口，包括 MOSI、MISO、CSK、CS、RST 五个功能引脚。

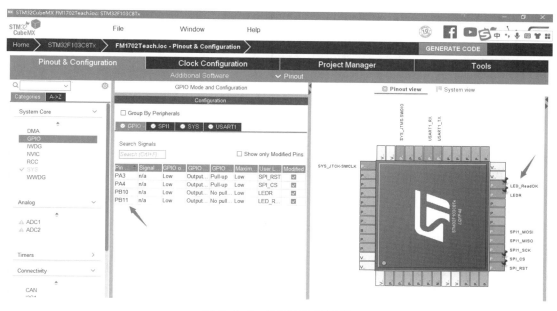

图 3-6-2　配置 I/O 口功能

为了灵活控制,一般 MOSI、MISO、CSK 采用 SPI 模块实现,CS、RST 两个功能引脚定义为普通输出 I/O 口即可,配置过程如图 3-6-3 所示。点击图 3-6-3 中箭头 1、2 所指处,在箭头 3 处选择 Full-Duplex Master,配置 SPI 为全功能主节点;在箭头 4 处设置 SPI 的详细参数,大部分按照默认功能设置即可,黄色框中的速率参数可以适当调整,使通信速率不要太高,也不要太低,一般选择 1~4 Mbps 即可;配置两个普通 I/O 口为 CS 和 RST 引脚,如图 3-6-3 所示,设置完成后,芯片引脚配置如图中箭头 5 所指处所示。

图 3-6-3　配置 SPI 接口

7. 配置工程属性及生成代码

以 FM1702Teach 为名称,配置工程属性并生成目标代码,这些步骤在项目二中有详细讲解,此处不再赘述。

◆ 3-6-2　ARM 读卡控制程序设计

MDK5 软件编程前需要下载安装一定版本的硬件函数库,也称为 HAL 库,在后续课程中有详细介绍,本课程中不进行赘述,仅讲应用部分。

1.RFID 读卡程序下载

基于 FM1702SL 的 RFID 读卡程序完全由同学们编写,是一件非常困难的事情,经验一般的工程师也不一定能轻易编写出来,特别是 1702 的读卡逻辑方面,要深入了解芯片工作流程才能尝试编写,这显然是课上时间无法完成的任务,针对这一困难,主编联合江苏应时达电气科技有限公司及昆山信德佳电气科技有限公司的一线技术开发团队,结合 ×××× 学院智慧校园的具体应用场景,整理编写了 FM1702SL 芯片的 RFID 读卡代码库,该代码库存放在 FM1702.c 文件和 FM1702.h 文件中,如图 3-6-4 所示,用户仅需在工程中增加这两个文件,然后编写基于 SPI 的底层接口及读卡应用程序即可实现用户读卡功能。

FM1702	2021/12/18 15:28	C 文件	24 KB
FM1702	2021/12/18 14:42	C/C++ Header F...	7 KB

图 3-6-4　FM1702 代码库

2. 拷贝 FM1702 文件

将 FM1702.c 文件和 FM1702.h 文件拷贝到工程文件夹中,具体目录为 "..\FM1702Teach\Src",Src 文件夹为存放源文件的位置。

3. 在工程中添加 FM1702 文件

双击 FM1702Teach.uvprojx 文件,打开工程编译通过后,用鼠标右键单击图 3-6-5 中箭头 1 所指向文件,在弹出的菜单中点击图中箭头 2 所指向选项,向项目中增加已有文件。

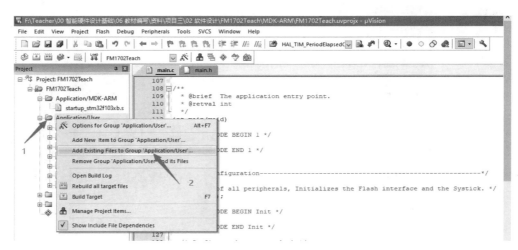

图 3-6-5　添加文件选项

点击图 3-6-5 中箭头 2 所指选项后,弹出添加已有文件对话框,在对话框中找到文件夹中的文件,如图 3-6-6 所示。

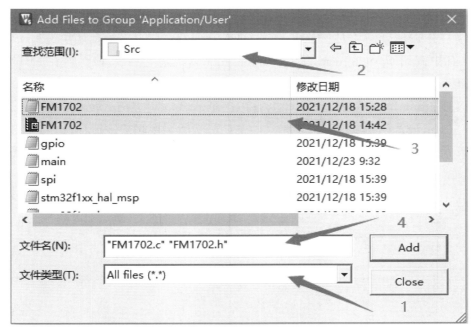

图 3-6-6　添加 FM1702 文件对话框

在图 3-6-6 中,第一步,先在箭头 1 处点击下拉菜单,选择 All files 选项,显示所有文件;第二步,在箭头 2 处点击下拉菜单,找到 Src 文件夹,找到后,在箭头 3 处的文件夹列表中可以看到刚刚拷贝进来的 FM1702 这两个文件;第三步,在箭头 3 所指位置,选中这两个文件,此时箭头 4 所示位置显示已经选择了这两个文件,点击 Add 按钮,添加两个文件到工程中,添加完成后,文件目录如图 3-6-7 所示。

图 3-6-7　添加 FM1702 文件后目录结构

图 3-6-7 中箭头 1 所指位置显示 FM1702.c 文件已经添加成功,点击 FM1702.c 文件前的 + 号展开目录,可看到其中 FM1702.h 文件也已添加完毕。

4.FM1702 库底层实现

双击打开 FM1702.c 文件,在 23～45 行可以看到,FM1702 的通信底层编写了读写 SPI 的程序,其中调用了 "SPI_ReadWrite_Byte(SpiAddress)" 这个函数,该函数在 FM1702 库中并未实现。而使用 CubeMX 生成的 HAL 库中,实现的 SPI 接口函数为 "HAL_StatusTypeDef HAL_SPI_TransmitReceive(SPI_HandleTypeDef *hspi, uint8_t *pTxData, uint8_t *pRxData, uint16_t Size,uint32_t Timeout)",需要将这两个函数功能连接起来,因此在 main 函数的合适位置客户编写实现 SPI_ReadWrite_Byte 的函数,如图 3-6-8 所示,使用 HAL 库函数实现了 FM1702 底层函数功能。

```
62   /* USER CODE BEGIN 0 */
63   uint8_t SPI_ReadWrite_Byte(uint8_t TxData)
64   {
65       unsigned char writeCommand[1];
66       unsigned char readValue[1];
67
68       writeCommand[0] = TxData;
69       HAL_SPI_TransmitReceive(&hspi1, (uint8_t*)&writeCommand, (uint8_t*)&readValue, 1, 100);
70
71       return readValue[0];
72
73   }
```

图 3-6-8　FM1702 库底层实现

5.RFID 读卡库功能实现

通过上述步骤,FM1702 库函数已经实现完毕,通过分析 FM1702SL 技术手册及 FM1702.c 文件可知,IC 卡读卡过程通常包含以下几个过程:

(1)寻卡:在读卡器周围寻找可以识别的卡片信息,该功能主要由 FM1702 库中的 "uchar Request(uchar mode)" 函数处理,如图 3-6-9 所示。

```
439   /*****************************************************/
440   /*名称: Request                                      */
441   /*功能:该函数实现对放入FM1702操作范围之内的卡片的Request操作   */
442   /*                                                  */
443   /*输入:                                             */
444   /*      mode: ALL(监测所有FM1702操作范围之内的卡片)     */
445   /*      STD(监测在操作范围之内处于HALT状态的卡片)       */
446   /*                                                  */
447   /*输出:                                             */
448   /*      FM1702_NOTAGERR: 无卡                        */
449   /*      FM1702_OK: 应答正确                          */
450   /*      FM1702_REQERR: 应答错误                      */
451   /*****************************************************/
452   uchar Request(uchar mode)
```

图 3-6-9　寻卡实现

(2)防冲突检测:读卡器周围可能有若干可以被识别的卡片,但读卡器一次只能操作一张卡片,因此需要进行防冲突处理,该功能主要由 FM1702 库中的 "AntiColl(void)" 函数处理,如图 3-6-10 所示,在此函数中,已经将第一张卡片的 UID 存入指定位置,如果应用程序仅需要使用 UID 号,则在此处理 UID 信息即可。

```
483  /************************************************/
484  /*名称: AntiColl                              */
485  /*功能: 该函数实现对放入FM1702操作范围之内的卡片的防冲突检测  */
486  /*输入: N/A                                   */
487  /*输出: FM1702_NOTAGERR: 无卡                 */
488  /* FM1702_BYTECOUNTERR: 接收字节错误          */
489  /* FM1702_SERNRERR: 卡片序列号应答错误        */
490  /* FM1702_OK: 卡片应答正确                    */
491  /************************************************/
492  uchar AntiColl(void)
```

图 3-6-10　防冲突检测实现

（3）选卡：选择一张卡片进行操作，该功能主要由 FM1702 库中的 "Select_Card(void)" 函数处理，如图 3-6-11 所示。

```
563  /************************************************/
564  /*名称: Select_Card                           */
565  /*功能: 该函数实现对放入FM1702操作范围之内的某张卡片进行选择  */
566  /*输入: N/A                                   */
567  /*输出: FM1702_NOTAGERR: 无卡                 */
568  /* FM1702_PARITYERR: 奇偶校验有错             */
569  /* FM1702_CRCERR: CRC校验有错                 */
570  /* FM1702_BYTECOUNTERR: 接收字节错误          */
571  /* FM1702_OK: 应答正确                        */
572  /* FM1702_SELERR: 选卡出错                    */
573  /************************************************/
574  uchar Select_Card(void)
```

图 3-6-11　选卡实现

（4）加载密码：IC 卡的读写，通常需要加密进行，以确保信息安全，验证密码前需要先加载密码，该功能由 FM1702 库中的 "uchar Load_keyE2_CPY(uchar *uncoded_keys)" 函数处理，如图 3-6-12 所示。

```
417  /************************************************/
418  /*名称: Load_keyE2                            */
419  /*功能: 该函数实现把E2中密码存入FM1702的keybuf中  */
420  /*输入: uncoded_keys: 密码                    */
421  /*输出: True: 密钥装载成功                     */
422  /* False: 密钥装载失败                        */
423  /************************************************/
424  uchar Load_keyE2_CPY(uchar *uncoded_keys)
```

图 3-6-12　加载密码实现

（5）验证扇区密码：将加载的密码与用户设定密码比对，实现密码验证，该功能主要由 FM1702 库中的 "Authentication(uchar *UID, uchar SecNR, uchar mode)" 函数处理，如图 3-6-13 所示。

（6）扇区操作：比如扇区内数据的读、写等操作。该功能主要由 FM1702 库中的 "uchar MIF_READ(uchar *buff, uchar Block_Adr)"、"uchar MIF_Write(uchar *buff, uchar Block_Adr)" 等函数处理，如图 3-6-14 所示。

```
611  /**************************************************************/
612  /*名称: Authentication                                      */
613  /*功能: 该函数实现密码认证的过程                              */
614  /*输入: UID: 卡片序列号地址                                  */
615  /* SecNR: 扇区号                                            */
616  /* mode: 模式                                               */
617  /*输出: FM1702_NOTAGERR: 无卡                               */
618  /* FM1702_PARITYERR: 奇偶校验有错                           */
619  /* FM1702_CRCERR: CRC校验有错                               */
620  /* FM1702_OK: 应答正确                                      */
621  /* FM1702_AUTHERR: 权威认证有错                             */
622  /**************************************************************/
623  uchar Authentication(uchar *UID, uchar SecNR, uchar mode)
```

图 3-6-13　验证扇区密码实现

```
675  /**************************************************************/
676  /*名称: MIF_Read                                            */
677  /*功能: 该函数实现读MIFARE卡块的数值                         */
678  /*输入: buff: 缓冲区首地址                                  */
679  /* Block_Adr: 块地址                                       */
680  /*输出: FM1702_NOTAGERR: 无卡                               */
681  /* FM1702_PARITYERR: 奇偶校验有错                           */
682  /* FM1702_CRCERR: CRC校验有错                               */
683  /* FM1702_BYTECOUNTERR: 接收字节错误                        */
684  /* FM1702_OK: 应答正确                                      */
685  /**************************************************************/
686  uchar MIF_READ(uchar *buff, uchar Block_Adr)
```

```
724  /**************************************************************/
725  /*名称: MIF_Write                                           */
726  /*功能: 该函数实现写MIFARE卡块的数值                         */
727  /*输入: buff: 缓冲区首地址                                  */
728  /* Block_Adr: 块地址                                       */
729  /*输出: FM1702_NOTAGERR: 无卡                               */
730  /* FM1702_BYTECOUNTERR: 接收字节错误                        */
731  /* FM1702_NOTAUTHERR: 未经权威认证                          */
732  /* FM1702_EMPTY: 数据溢出错误                               */
733  /* FM1702_CRCERR: CRC校验有错                               */
734  /* FM1702_PARITYERR: 奇偶校验有错                           */
735  /* FM1702_WRITEERR: 写卡块数据出错                          */
736  /* FM1702_OK: 应答正确                                      */
737  /**************************************************************/
738  uchar MIF_Write(uchar *buff, uchar Block_Adr)
```

图 3-6-14　扇区数据读写实现

6.RFID 读卡功能设计

RFID 读卡计费模块仅需读取 IC 卡的 UID 作为用户的唯一标记编号即可,因此不设计扇区读写功能。在 main 文件的适当位置编写用户读卡程序,如图 3-6-15 所示。

在该函数实现中,为了降低学习难度,程序中没有进行防冲突处理,因此该程序只能识别一张卡,而且不允许多张卡同时出现在读卡区域内;选卡到验证扇区功能没有实质用途,在冲突检测中就已经将 UID 读出来了，使用 "Save_UID" 函数，将 UID 存放到了数据缓冲区 ReadCardID 中。

```
71    uint8_t DefaultKey[6] = {0xFF, 0xFF, 0xFF, 0xFF, 0xFF, 0xFF};//默认密码
72    uint8_t ReadCardID[]={1,2,3,4,5};//UID存储区
73    uint8_t SndBuf[]={1,2,3,4,5,6,7};//串口发送区
74    uint8_t READ_NUM=0;//发送序列计数
75    uint8_t ReadCardNo(void)//用户读卡功能实现
76 ┌ {
77    │   uint8_t status=0xFF;
78    │   status = Request(RF_CMD_REQUEST_STD);
79    │   if ( status != FM1702_OK)
80    │     return 0;
81    │   status = AntiColl(); //冲突检测
82    │   if(status != FM1702_OK)
83 ┌  │   {
84    │     return 0;
85 └  │   }
86    │   status=Select_Card(); //选卡
87    │   if(status != FM1702_OK)
88 ┌  │   {
89    │     return 0;
90 └  │   }
91    │   status = Load_keyE2_CPY(DefaultKey); //加载密码
92    │   if(status != TRUE)
93 ┌  │   {
94    │     return 0;
95 └  │   }
96    │   status = Authentication(ReadCardID, 1, RF_CMD_AUTH_1A); //验证1扇区keyA
97    │   if(status!=FM1702_OK)
98    │     return 0;
99    │   else
100   │     return 1;
101 └ }
102   /* USER CODE END 0 */
```

图 3-6-15   用户读卡程序设计实现

7. 主流程组织

主流程的作用是将用户需求通过合理的方式串起来，在 main 函数的主循环中逐个实现，其中包括读卡获取 UID、填充通信协议数据帧、发送数据帧等过程。

第一步，获取 UID。调用读卡函数 ReadCardNo(void)，判断读卡是否成功，如果读卡成功则取出 UID 数据。

第二步，填充通信协议数据帧。将帧头、UID 数据、序号等数据填充到发送缓冲区，计算校验和并填充到对应位置。

第三步，调用串口发送函数。将数据通过通信接口发送到远端。

第四步，其他操作。如指示灯控制等，主流程实现如图 3-6-16 所示。

8. 程序下载测试

按照项目二的烧录方法，将程序编译并下载到电路板中，上电后，打开电脑中的串口调试工具，设置好响应参数 "115200/N/8/1" 并打开串口，将 IC 卡靠近读卡器，可以观察到串口调试工具中显示收到的卡号信息，如图 3-6-17 所示。

```
142      while (1)
143      {
144        /* USER CODE END WHILE */
145
146        /* USER CODE BEGIN 3 */
147        if (ReadCardNo())//读到卡片
148        {
149          READ_NUM=(READ_NUM+1)%256;
150          //组成数据帧
151          SndBuf[0]=0xFA;//帧头
152          SndBuf[1]=ReadCardID[0];
153          SndBuf[2]=ReadCardID[1];
154          SndBuf[3]=ReadCardID[2];
155          SndBuf[4]=ReadCardID[3];
156          SndBuf[5]=READ_NUM;//读卡序号
157          //计算帧尾校验和
158          SndBuf[6]=(SndBuf[0]+SndBuf[1]+SndBuf[2]+SndBuf[3]+SndBuf[4]+SndBuf[5])%0x100;
159          //发送数据帧
160          HAL_UART_Transmit(&huart1,SndBuf,7,0xFFFF);
161          //更新读卡指示灯状态
162          HAL_GPIO_TogglePin(LED_ReadOK_GPIO_Port,LED_ReadOK_Pin);
163        }
164        HAL_GPIO_TogglePin(LEDR_GPIO_Port,LEDR_Pin);
165        HAL_Delay(500);
166      }
167      /* USER CODE END 3 */
```

图 3-6-16　主流程实现

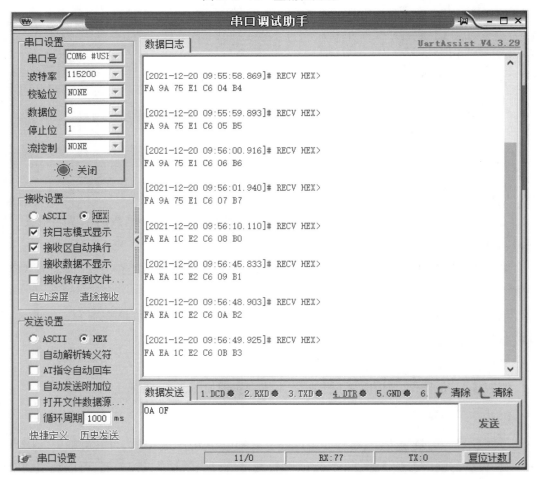

图 3-6-17　电脑收到的 UID 数据

如图 3-6-17 中的一条数据 "FA EA 1C E2 C6 0A B2",其中帧头固定为 FA;UID 为十六进制数据 EA 1C E2 C6,共占四个字节;十六进制 0A 等于 10,也就是上电后的第十次发出数据帧;B2 为校验数据,为数据帧中其他数据的校验和。至此,ARM 端的应用程序设计完毕。

3-6-3　C# 计费应用程序设计

基于 VS 环境的 C# 是一种最简单的桌面程序设计语言之一,是与 C 语言的语法最接近的面向对象程序设计语言,本环节旨在引入高端电脑控制软件,使本书所涉及的智能硬件类型更加全面,形成完整的技术体系。大一新生在第一学期或者第二学期,程序设计语言基础薄弱,因此不要求学生脱离课本实现独立编程,可以以书上的代码为指导,渐进式学习,慢慢对编程产生兴趣,启发同学们的专业学习与发展定位。本节以串口接收到的 RFID 读卡计费模块发来的 IC 卡 UID 为索引,建立两个用户账号,模拟读卡扣费功能。

1. 安装 VS2012

初学者可以安装 VS2012 Ultimate 英文版(90 天试用版),安装完毕后,第一次打开设置默认编程语言为 C#。VS2012 启动页面如图 3-6-18 所示,页面布局与其他软件类似,在此不再赘述。

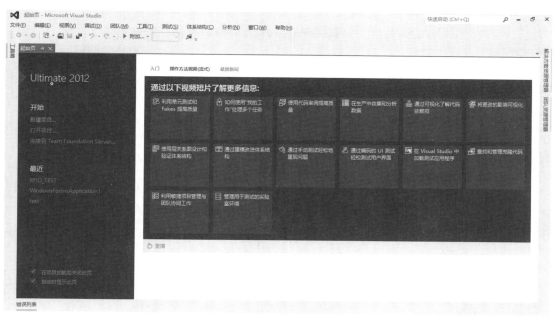

图 3-6-18　VS2012 启动页面

2. 创建工程

在图 3-6-18 中,选择菜单"文件/新建/项目",弹出新建项目对话框,如图 3-6-19 所示。

图中箭头 1 位置确认为 C# 开发语言,在箭头 2 位置点击"Windows 窗体应用程序"类型,在箭头 3 位置填写工程名称并指定保存工程的路径,最后点击确定按钮,新建页面图 3-6-20 所示,图中箭头处默认建立了一个窗体。

　　图 3-6-20 中箭头所指向的窗体,就是软件的最终表现形式,因此接下来需要在这个窗体中增加用到的按钮等窗体元素,点击右侧属性框中的显示文本 Text 属性,填入"智慧能控之刷卡扣费模型"。用鼠标左键按住窗体下侧或右侧边界上的空心方框,可以拖曳调整窗体的大小。

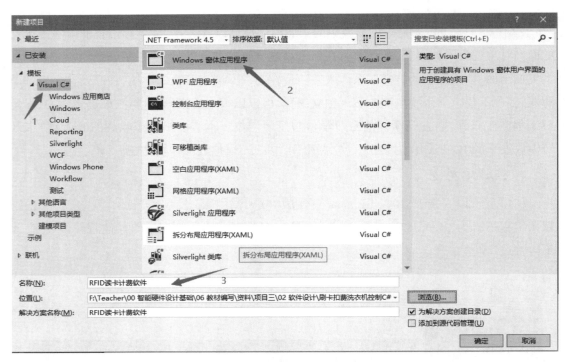

图 3-6-19　新建项目对话框

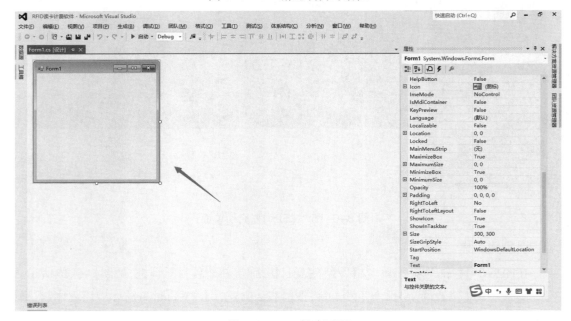

图 3-6-20　新建页面

3. 软件页面布局

1) 放置 GroupBox

点击图 3-6-20 中的窗体左侧的"工具箱"按钮，展开工具箱列表，从工具箱列表中选择两个 GroupBox，分别命名为"通信参数设定"和"扣费"，如图 3-6-21 所示，左侧为展开的工具箱，用鼠标左键点击箭头 1 所指向的控件图标，然后在右侧窗体中按住鼠标左键拖曳就可以放置相应控件，在窗体中放置好 GroupBox1 后，点击 GroupBox1，使之处于选中状态，然后在右侧属性对话框中修改其显示文本(Text)为"通信参数设定"，如图 3-6-21 中箭头 2 处所示。采用同样的步骤放置并设置 GroupBox2。

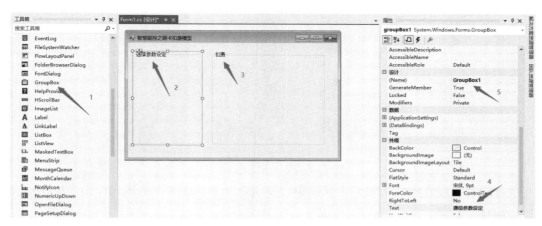

图 3-6-21　放置 GroupBox

注意图 3-6-21 中箭头 4 和箭头 5 所指处的区别，Name 表示这个窗体控件的名字，比如第一个 GroupBox 的名字叫"GroupBox1"；Text 是指控件 GroupBox1 在窗体中显示的文本，如 GroupBox1 在窗体上显示为"通信参数设定"。

2) 放置按钮

采用同样的操作，在窗体中放置三个按钮(button)，修改第一个按钮的 Name 为"button_connect"，显示文本为"打开通信口"；第二个按钮的 Name 为"button_ok"，显示文本为"确认扣费"；第三个按钮的 Name 为"button_cancel"，显示文本为"取消"。

3) 放置标签 label

在窗体中放置三个标签(label)，修改第一个标签的显示文本为"扣费账号"；第二个标签的显示文本为"扣费金额"；第三个标签的显示文本为"账户余额"。

4) 放置文本框

在窗体中放置三个文本框(textBox)，修改第一个文本框的 Name 为"textBox_ZH"，显示文本为"请先刷卡"；第二个文本框的 Name 为"textBox_JE"，显示文本为"5 元 / 次"；第三个文本框的 Name 为"textBox_YE"，显示文本为"请先刷卡"。

5) 放置不可见控件

以上放置的控件都是可见的，软件运行时可以看到，还有一些控件只运行在后台，软件运行时看不到其存在，比如串口、定时器等。在工具箱中找到并双击"serialPort"控件、"timer"

控件,可以在窗体中放置串口控件和定时器控件,设置 serialPort1 的通信参数为"115200/N/8/1"。

6) 放置列表框

在窗体中放置一个列表框(listBox),点击 listBox1 右上角倒三角符号,选择"编辑项",在弹出画面中填入 COM0 ~ COM14,如图 3-6-22 所示,软件运行时可以在列表框中选择响应选项。

图 3-6-22　放置列表框

USB 转串口线在电脑上识别出来的串口号名称为 COMx,一般 x 为 0 ~ 10,可以根据情况适当增减选项。

7) 放置状态栏

在窗体中放置一个状态栏(toolStripStatusLabe),用于显示软件运行的状态及报警信息等,选中 toolStripStatusLabel,在属性列表中选择 Spring 属性,设置为 True,可以使状态栏填满所在行;设置显示文本为"请先打开通信口"。

通过上述步骤后,设计完成的软件页面如图 3-6-23 所示。

图 3-6-23　设计完成的软件页面

8）按钮互锁

当通信口未打开时，无法获取用户 UID 信息，扣费功能不知道要扣哪个账户的钱，因此在通信口打开之前，需要禁止用户点击确认扣费按钮及取消按钮。

点击确认扣费按钮，在属性列表中找到 Enable，设置为 false，也就是这个按钮暂时禁用，显示成灰色。采用同样的操作设置取消按钮。

9）预览效果

可以点击图 3-6-20 中工具栏中绿色箭头表示的运行按钮，软件本应该运行起来，但此时点击按钮后没有任何响应，是因为我们还没有为按钮编写功能代码，运行起来的软件页面如图 3-6-24 所示。

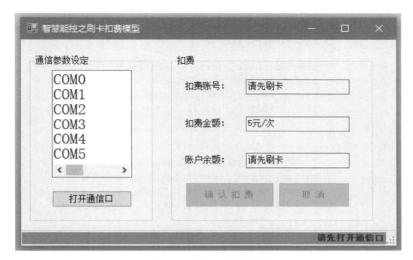

图 3-6-24 运行页面

4. 编写功能代码

编写的功能代码主要是实现通信口的打开功能、确认扣费功能、取消按钮功能、串口数据接收处理功能及定时账户退出功能等。

1）"打开通信口"按钮功能代码设计

当用户点击"打开通信口"按钮时，软件按照列表框中的选项配置并连接串口，如果打开异常，则需要提示异常。

第一步，用户双击"打开通信口"按钮，VS 环境会自动创建按钮的响应事件函数 void button_connect_Click(object sender, EventArgs e)，程序员只需要在这个函数中实现用户功能即可。

第二步，在 void button_connect_Click(object sender, EventArgs e) 函数体内实现对应功能，编写完毕的函数代码如图 3-6-25 所示。

serialPort1.PortName = listBox1.SelectedItem.ToString( );这行代码提取了列表框中用户选择的串口号，并将串口号以文本的形式传递给了串口的端口号（PortName）属性，从而使程序能根据用户的选择，连接电脑上的不同串口；当 serialPort1.IsOpen == true 时，表示当前串口已经被打开了,在打开的状态下不能设置其属性,因此在设置串口属性的时候,要先关闭串口,设置完后再打开。

如果串口已经处于打开状态,再次打开时系统会报异常,同理,当串口处于关闭状态时再次执行关闭操作,系统也会报异常,因此不能重复打开或关闭。在操作串口打开或关闭之前,通常需要判断串口的当前状态,如图 3-6-25 中 89 行代码所示。

```
85          private void button_connect_Click(object sender, EventArgs e)
86          {
87              try
88              {
89                  if (serialPort1.IsOpen == true) serialPort1.Close();
90                  serialPort1.PortName = listBox1.SelectedItem.ToString();
91                  serialPort1.Open();
92                  if (serialPort1.IsOpen == true)
93                  {
94                      listBox1.BackColor = Color.Green;
95                      button_ok.Enabled = true;
96                      button_cancel.Enabled = true;
97                      toolStripStatusLabel1.Text = "通信连接成功！";
98                  }
99                  else
100                 {
101                     listBox1.BackColor = Color.Red;
102                     button_ok.Enabled = false;
103                     button_cancel.Enabled = false;
104                     toolStripStatusLabel1.Text = "通信连接失败！";
105                 }
106             }
107             catch(Exception err)
108             {
109                 MessageBox.Show(err.ToString());
110                 button_ok.Enabled = false;
111                 button_cancel.Enabled = false;
112                 toolStripStatusLabel1.Text = "通信连接失败！";
113             }
114         }
```

图 3-6-25　"打开通信口"按钮事件函数实现

try{}catch 语句用来捕获系统异常,比如打开串口时指定了电脑上不存在的串口端口号,则会触发 catch 后面的语句执行,这种异常捕获方法,可以有效发现程序运行时遇到的问题,帮助程序员迅速定位异常原因和异常位置。如打开串口时, USB 转串口线并没有插到电脑上,此时电脑上没有串口号,这时点击打开串口时, try 语句捕获到打开串口异常,因此进入 catch 语句,使用 MessageBox 提示错误信息,如图 3-6-26 所示,从图中箭头 1 指向的位置可以看出,异常报错的原因是未找到串口:端口"COM0"不存在;从箭头 2 指向的位置可以看到,本次报错是因为代码的第 91 行出错;从箭头 3 指向的位置可以看到,异常报错的是serialPort1.Open( )这句代码。通过这个简单的异常报错信息,我们就可以快速查找到异常报错的原因:打开串口时,指定打开的是 COM0,但是系统并没有发现其存在,故播报异常。

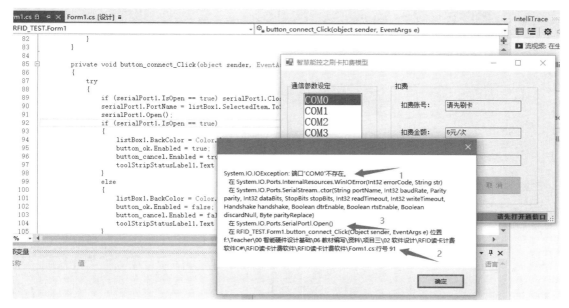

图 3-6-26　捕获异常并显示

2）模拟账户建立

项目中使用两张 IC 卡开设账户，UID 分别是 19822628234 和 198225117154，读者可能并未学习数据库等知识，因此仅用两个变量表示两个账户及其账户内余额，定义如图 3-6-27 所示。

$$int\ total\_money\_154\ =\ 800;$$
$$int\ total\_money\_234\ =\ 8;$$

图 3-6-27　账户定义

其中 UID 为 19822628234 的账户定义为 total_money_234，UID 为 198225117154 的账户定义为 total_money_154，分别预设其账户内余额为 8 元和 800 元，模拟扣费每次扣 5 元，total_money_234 账户第二次就会出现账户余额不足的状况。

3）串口数据接收处理代码实现

第一步，生成串口数据接收处理函数。 RFID 读卡计费模块读到 IC 卡的 UID 之后，会主动发送给软件，软件采用中断接收的方式，可以快速响应数据，并进行处理。串口数据接收处理函数可以由 VS 环境自动生成，在设计页面中，选中串口图标，如图 3-6-28 中箭头 1 所指位置，然后在属性列表中点击闪电图标（如箭头 2 指向的位置），调出“事件”列表。之后在箭头 3 指向的空白框中双击鼠标左键，系统会自动填充串口数据接收处理函数的名称 serialPort1_DataReceived，并在代码页面中自动添加这个空函数，程序员只需要在这个函数内进行串口数据接收和处理即可。

第二步，编写串口数据接收处理函数。编写好的代码如图 3-6-29 所示。

图 3-6-28　串口数据接收处理函数生成

```
61      private void serialPort1_DataReceived(object sender, System.IO.Ports.SerialDataReceivedEventArgs e)
62      {
63          Thread.Sleep(50);
64          serialPort1.Read(rcv, 0, 7);
65          if (rcv[0] != 0xfa)
66          {
67              serialPort1.ReadExisting();
68              toolStripStatusLabel1.Text = "数据接收错误, 重新刷卡! ";
69              return;
70          }
71          if ((rcv[0] + rcv[1] + rcv[2] + rcv[3] + rcv[4] + rcv[5]) % 0x100 != rcv[6])
72          {
73              toolStripStatusLabel1.Text = "数据校验错误, 请重新刷卡! ";
74              return;
75          }
76          else//接收到正确数据19822628234 198225117154
77          {
78              textBox_ZH.Text = rcv[4].ToString() + rcv[3].ToString() + rcv[2].ToString() + rcv[1].ToString();
79              if (textBox_ZH.Text == "19822628234") textBox_YE.Text = total_money_234.ToString();
80              if (textBox_ZH.Text == "198225117154") textBox_YE.Text = total_money_154.ToString();
81              toolStripStatusLabel1.Text = "接收到用户信息! ";
82          }
83      }
```

图 3-6-29　串口数据接收处理函数代码

> **说明：**
> 　　运行这段代码系统会报错，提示不允许跨线程操作，因此需要在启动代码中仅用跨线程操作检查选项，可在窗体初始化过程中增加一行代码：
> Control.CheckForIllegalCrossThreadCalls = false;

　　一帧数据的第一个字节到达时，串口数据接收处理函数即刻被触发执行，但是此时如果直接接收一帧数据，可能后面的数据还没有到达，因此一般会在接收之前延时一小段时间，等待后续数据到达完毕再进行接收，图 3-6-29 中 63 行代码即为延时 50 ms，64 行代码表示从串口上接收 7 个字节到缓冲区。7 个字节的数据接收成功后，要判断这帧数据是否合法，因此要检查帧头信息、校验和信息，如图 3-6-29 中代码 65 ~ 70 行为检查帧头，71 ~ 75 行为校验和信息核对，如果两者都通过，则说明接收到的数据为一帧完整的数据。图 3-6-29 中，76 ~ 82 行代码用来进行数据处理，其中 78 行代码是把接收到的正确的 UID 以文本的形式显示在窗体中的相应位置，79 行和 80 行代码是根据 UID 将对应的账户余额显示到窗体的相应位置，81 行代码为更新状态栏显示新消息，给用户一定的操作提示。

> **思考:**
> 为什么是一次接收 7 个字节?
> 学习一下接收函数的语法。

4)"确认扣费"按钮功能代码设计

当窗体中显示了用户 UID,并显示了当前用户的账户余额后,系统就可以执行扣费操作了。

第一步,用户双击"确认扣费"按钮,VS 环境会自动创建按钮的响应事件函数 void button_ok_Click(object sender, EventArgs e),程序员只需要在这个函数中实现用户功能即可。

第二步,在 void button_ok_Click(object sender, EventArgs e) 函数体内实现对应功能,编写完毕的函数代码如图 3-6-30 所示。

```
24          private void button_ok_Click(object sender, EventArgs e)
25          {
26              timer1.Enabled = false;
27              if (textBox_ZH.Text == "请先刷卡") toolStripStatusLabel1.Text ="请先刷卡!";
28              if (textBox_ZH.Text == "19822628234")
29              {
30                  if (total_money_234 < 5)
31                  {
32                      toolStripStatusLabel1.Text ="余额不足!";
33                      timer1.Enabled = true;
34                      return;
35                  }
36                  total_money_234 = total_money_234 - 5;
37                  textBox_YE.Text = total_money_234.ToString();
38                  toolStripStatusLabel1.Text = "扣费成功!";
39                  textBox_ZH.Text = "扣费成功";
40              }
41              else if (textBox_ZH.Text == "198225117154")
42              {
43                  if (total_money_154 < 5)
44                  {
45                      toolStripStatusLabel1.Text = "余额不足!";
46                      timer1.Enabled = true;
47                      return;
48                  }
49                  total_money_154 = total_money_154 - 5;
50                  textBox_YE.Text = total_money_154.ToString();
51                  toolStripStatusLabel1.Text = "扣费成功!";
52                  textBox_ZH.Text = "扣费成功";
53              }
54              else if (textBox_ZH.Text == "扣费成功") toolStripStatusLabel1.Text = "已经扣费成功,请勿重复扣费!";
55              timer1.Enabled = true;
56          }
```

图 3-6-30　"确认扣费"代码实现

扣费之前要确认是从哪个账户里面扣钱,图 3-6-30 中 28 行代码用来判断是不是 19822628234 账户,41 行代码用来判断是不是 198225117154 账户,判断完账户后,还要判断该账户下是否有足够的余额,如果余额充足,则进行扣费,否则提示用户余额不足后退出,如代码 30 ~ 35 行为 19822628234 账户余额不足的提示信息。

5)定时器中断事件处理代码实现

扣费成功后,软件页面会更新用户余额信息,用户的账户信息也会显示,方便用户查看自己的账户信息。如果不及时退出,下一个用户不用刷卡就可以直接扣上一个用户的钱,需要定时将扣过费的用户信息退出,因此在按钮事件处理函数的最后一行,使能定时器 1,使定时器 1 开始计时工作,如图 3-6-30 中 55 行代码所示。

第一步,选中定时器(timer1)图标,在属性列表中设置定时器周期(Interval)为 5000 ms,定时器每 5 s 触发一次定时中断,也就是用户账户在扣费 5 s 后自动退出。

第二步,生成定时器中断事件处理函数。点击图 3-6-31 中箭头 2 所指事件列表按钮,在箭头 3 指向的空白框中双击鼠标左键,系统自动填充中断事件处理函数名称,并在代码中自动生成这个函数。

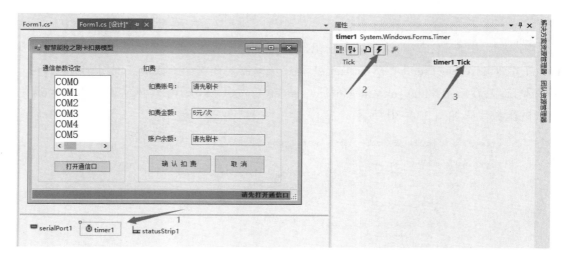

图 3-6-31　设置定时器中断事件处理函数

第三步,编写中断事件处理函数功能代码。定时器中断事件主要处理账户退出的问题,也就是把扣费账户的内容修改成其他内容,比如"请先刷卡",将账户余额的内容修改为其他内容,比如"请先刷卡",这样其他用户就无法看到前一个用户的信息了,编写好的代码如图 3-6-32 所示。

```
113    private void timer1_Tick(object sender, EventArgs e)
114    {
115        textBox_YE.Text = "请先刷卡";
116        textBox_ZH.Text = "请先刷卡";
117        timer1.Enabled = false;
118        toolStripStatusLabel1.Text = "通信连接成功,请刷卡!";
119    }
```

图 3-6-32　定时器中断事件处理代码

定时器中断事件处理完毕后,一定要关闭定时器,如图 3-6-32 中 117 行代码所示,否则每隔 5 s 都会重复执行一次。

6)"取消"按钮功能代码设计

"取消"按钮主要用于用户已经登录,但是不想继续扣费的情况,此时只需要在窗体上清除用户信息即可完成任务,同定时器中断事件处理函数的内容相似。

第一步,生成"取消"按钮处理函数。双击"取消"按钮,系统自动生成"取消"按钮处理函数 void button_cancel_Click(object sender, EventArgs e)。

第二步，编写"取消"按钮处理函数功能代码。参考定时器中断事件处理函数编写内容，编写好的代码如图 3-6-33 所示。

```
121     private void button_cancel_Click(object sender, EventArgs e)
122     {
123         textBox_YE.Text = "请先刷卡";
124         textBox_ZH.Text = "请先刷卡";
125         timer1.Enabled = false;
126         toolStripStatusLabel1.Text = "通信连接成功，请刷卡！";
127     }
```

图 3-6-33　"取消"按钮处理代码

3-6-4　联机调试

将 ARM 读卡控制程序烧录到 RFID 读卡计费硬件模块中，使用 USB 转串口线连接电脑和 RFID 读卡计费硬件模块，打开刷卡计费软件，如图 3-6-34 所示。

图 3-6-34　系统联调图

打开 C# 设计的软件，此时显示"确认扣费"按钮和"取消"按钮是灰色的，因此通信口还没有打开，还没法进行扣费等业务，如图 3-6-35 所示，打开软件后，系统就位，就可以进行联机调试了。

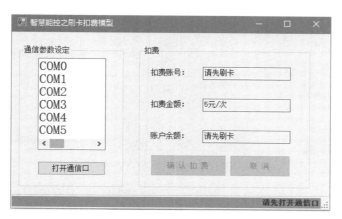

图 3-6-35　打开软件

第一步,打开通信口。在通信参数设置列表中选择 USB 转串口线在电脑上识别出的串口号,然后点击"打开通信口"按钮,如果打开失败,则提示出错信息,否则列表框显示绿色,表示打开成功,如图 3-6-36 所示。

第二步,用户刷卡。用户将 IC 卡靠近 RFID 读卡天线,当读卡成功后,读卡模块会通过串口将 UID 传送到软件中,软件通过串口数据接收函数处理包含 UID 信息的数据帧,将有效信息提取显示在页面中,如图 3-6-37 所示。

由图 3-6-37 可知,用户 198225117154 刷卡登录,其账户余额为 800 元。

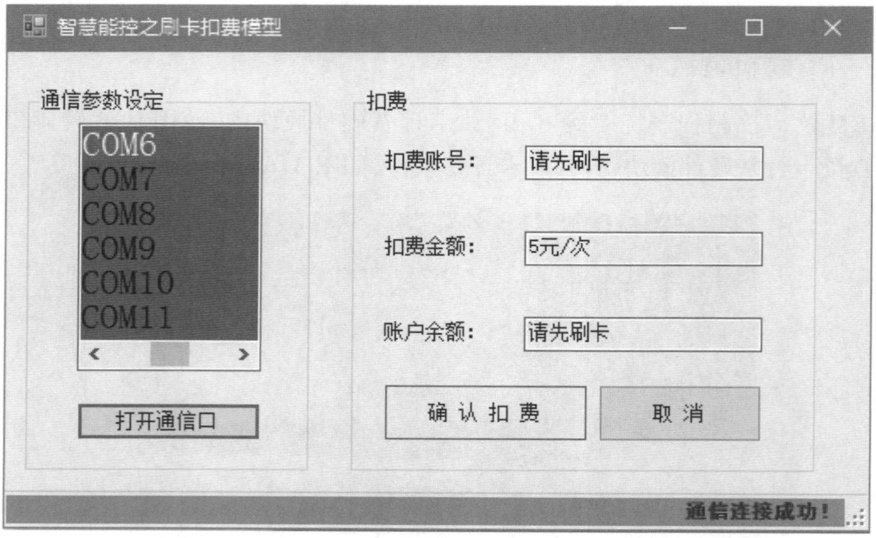

图 3-6-36　打开通信口

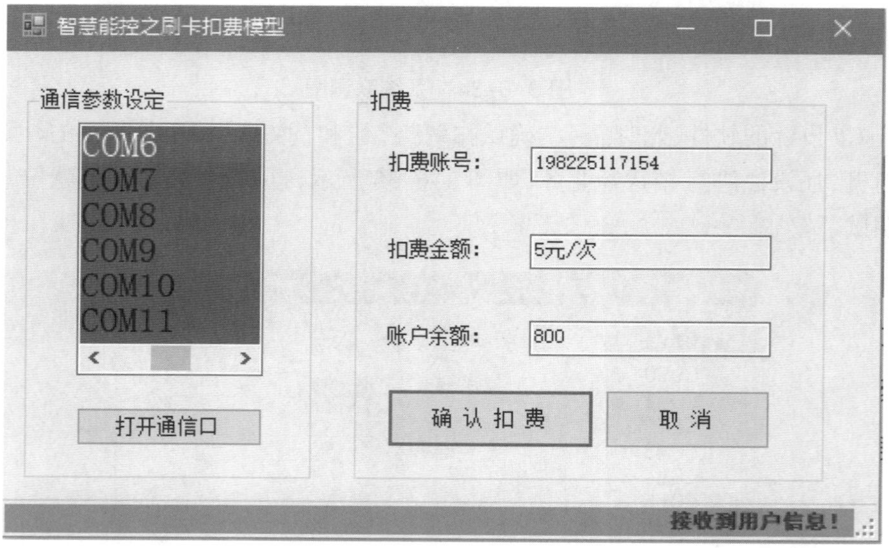

图 3-6-37　A 用户登录

第三步,扣费。点击"确认扣费"按钮,软件会自动从账户中扣除 5 元,并刷新用户信息,如图 3-6-38 所示。

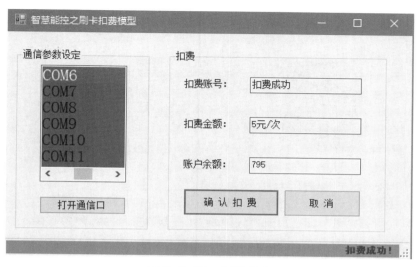

图 3-6-38　扣费成功

　　第四步,验证5 s账户退出机制。等待5 s后,软件中的信息自动复位,重新变为图3-6-36所示画面。

　　第五步,其他用户登录。用另一张 IC 卡登录,显示画面如图 3-6-39 所示,扣费账号显示用户为 19822628234,账户余额为 8 元。

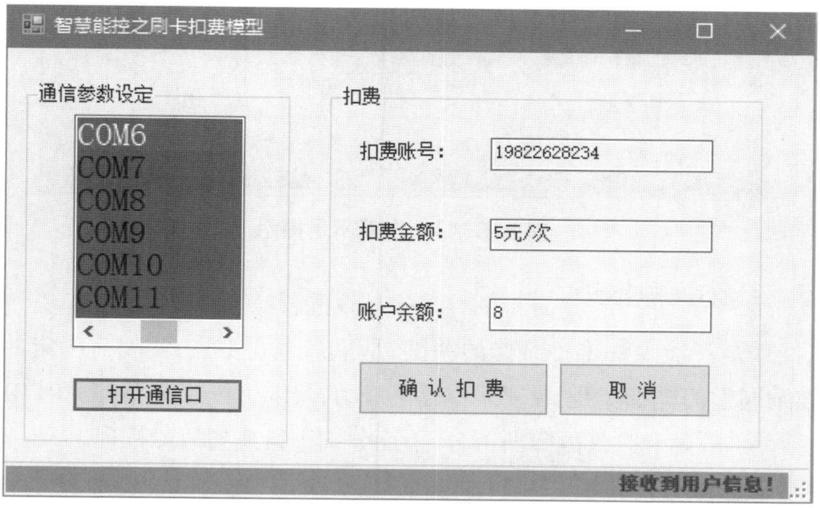

图 3-6-39　B 用户登录

　　第六步,扣费。点击"确认扣费"按钮,软件会自动从账户中扣除 5 元,并刷新用户信息,如图 3-6-40 所示。

　　第七步,A 用户查看信息。A 用户再次刷卡,显示账户余额为 795 元,说明系统已经记住了该用户上次的消费余额;点击"取消"按钮,软件恢复显示图 3-6-36 所示画面。

　　第八步,B 用户扣费。B 用户再次登录,显示 B 用户的账户余额为 3 元,如图 3-6-40 所示。点击"确认扣费"按钮,系统提示余额不足,如图 3-6-41 所示。到此为止,系统所有功能测试完毕。

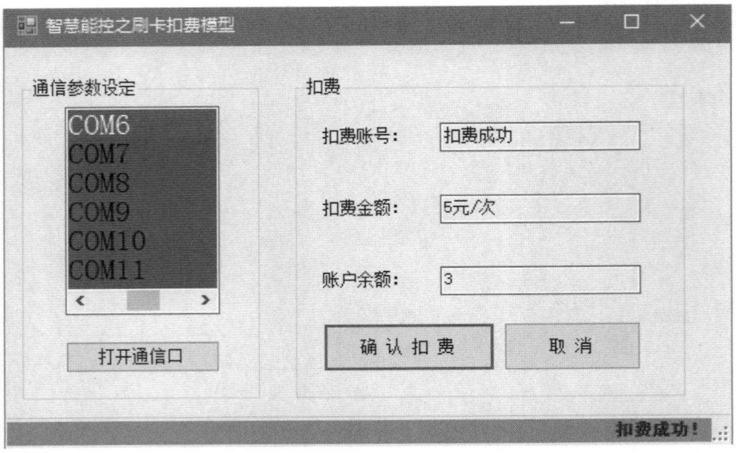

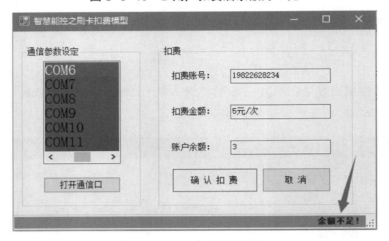

图 3-6-40   B 用户扣费后余额为 3 元

图 3-6-41   余额不足提示

◆ 3-6-5   系统维护推理

故障点推理是智能硬件维护维修的关键,是重点也是难点,需要有一定的电路基础和经验,因此鼓励同学们勇于实践,在实践中提高能力,培养大国工匠精神。RFID 读卡计费系统的故障包括硬件故障和软件故障两部分,下面分别进行典型故障推理。

1. 硬件故障推理

RFID 读卡计费系统的典型硬件故障有系统供电异常、指示灯不亮、通信异常、无法读卡等。看到故障的现象,首先需要推理是哪个模块的问题,然后分析模块电路,使用万用表等工具在模块内部逐步检测电气参数,寻找故障点,最后替换故障元器件即可修复故障。供电异常、指示灯不亮、通信异常等故障在项目二中已经讲解,在此不再赘述,本节主要介绍无法读卡的故障分析,故障表现为 SPI 无法通信、UID 无法获取等。

1) 线路板焊接异常

检查 RFID 天线板中的芯片及其他元件是否有虚焊、短路、断路等明显故障点,如果有,则重新焊接修复。

2)读卡线圈黏结问题

读卡线圈黏结问题需要手动检测,用手电强光照射天线板反面,从正面观察天线线圈是否有短路的地方,如果有,则使用美工刀割断。

3)SPI 无法通信

SPI 无法通信通常是因为 RFID 读卡板与 ARM 主控板之间的连线异常。观察排线线序是否正确,连线是否有松动等,如果有则手动调整即可;如果没有,则使用万用表检测是否有线缆内部断路,如果有则更换排线,如果没有则说明故障出现在 FM1702SL 芯片上,更换 FM1702SL 芯片再次测试。

2. 软件故障推理

RFID 读卡计费软件故障通常表现为无法获取用户信息。在硬件无异常的情况下,一般是 USB 转串口线缆出现问题造成的,更新驱动程序或更换线缆可以解决问题,线缆问题的检测可以通过串口调试工具进行:

第一步,硬件设置。用跳线帽将 USB 转串口工具的串口一侧中第二和第三引脚短接,即将收发功能短接,实现串口收发回环。

第二步,软件测试。打开串口调试工具,再通过串口调试工具发送任意数据,如果串口调试工具接收不到刚刚发送出去的数据,或者接收的数据与发送的数据部分不同,则说明该 USB 转串口线缆损坏。

任务 3-7　智慧能控读卡计费系统验收交付

任务课时

1 课时

任务导入

RFID 读卡计费硬件部分已经焊接集成完毕、ARM 低端控制程序代码编写完毕、C# 高端软件开发完毕,系统联机调试通过后,已经符合交付条件,因此可以进入验收交付阶段了。

任务目标

使读者能编制系统验收细则和验收标准,在双方见证后,甲乙双方签字盖章,作为项目收工的重要存档材料。

任务展开

　　验收细则一般与验收标准相对应，在每个验收项后，由乙方客户在验收结果栏签署是否合格意见，如有不合格的验收项，需要在验收结果中明确标明，并在备注区书面约定措施，作为二次验收的依据。

　　智慧能控读卡计费系统设计验收细则及标准如表 3-7-1 所示。

表 3-7-1　智慧能控读卡计费系统设计验收细则及标准

项目甲方：××××学院智慧校园服务中心
项目乙方：智能硬件设计工作室
项目简介：

　　在智慧校园中，涉及非常多基于校园一卡通的应用场景，其中智慧能控场景下的读卡扣费系统即是一种典型的应用，学生宿舍内的电表支持 IC 卡充值和扣费、学校食堂支持 IC 卡扣费、自助洗衣机支持刷卡消费等。项目要求开发一套基于 FM1702SL 的 IC 卡读卡模块，并开发基于 C# 的模拟计费软件，展示硬件功能，主控部分采用项目二中设计的单片机最小系统

验收细则	验收标准	验收结果
1. 供电输入	使用 TypeC 接口，提供 5 VDC 电源	
2. 工作环境	应能在温度 −10 ~ 80℃，湿度 <90% 且无结露、无凝霜情况下正常工作	
3. 读卡主芯片	FM1702SL	
4. 指示灯	能指示系统运行及读到 IC 卡两个状态	
5. 使用 C# 开发高端软件	具有高端软件	
	能连接 RFID 读卡硬件	
	能读到 IC 卡的 UID	
	能模拟用户扣费过程	
6. 查询指令	具有清晰的查询指令协议	
7. 硬件通信口形态	DB9 接口的 RS232 接口	
8. 读卡频率	一秒至少能读一次	
9. 稳定性	系统运行时，不会出现自动重启、指示灯异常显示等	
10. 故障率：≤ 0.01%	交付 10 套成品，用户试用 15 天，未发现异常则认定通过；如果用户反馈有异常，有视频取证超过故障率或者以用户的方式测试 500 次，故障次数 ≤ 5 时，认定通过，否则不通过	
11. 系统单价	根据系统原理图或 PCB 图纸导出的 BOM 表，向相关第三方供应商询价后，系统总价不高于 65 元 / 套，则认定通过	
12. 外观	无损伤，无违法、违规的字样或图示等信息，符合任务书中的外观设计要求，则认定通过	
13. 其他	酌情验证，如有异议，请在备注处书面标明，并填写现场验收意见	

备注：

　　1.

　　2.

　　3.

甲方代表签字盖章：　　　　　　　　　　　　乙方代表签字盖章：
　　　　　　日期：　　　　　　　　　　　　　　　　　日期：

验收全部通过,是项目完结的重要标志,也是处理日后维保的重要依据之一,双方需要认真对待,甲乙双方在签订设计任务书时,就应该考虑验收细则和验收标准,否则在交付中会遇到理解不一致、验收成果意见不一致的状况,从而形成双方矛盾,影响合作。

任务 3-8 行业拓展案例 基于 51 单片机的 RFID 门禁系统设计

任务课时

4 课时

任务导入

为了提高读者的 RFID 系统设计能力,将基于 51 单片机的 RFID 门禁系统设计作为举一反三的行业拓展案例,可以有效锻炼读者对行业 RFID 系统的理解及动手设计能力。

任务目标

设计一款基于 51 单片机的 RFID 门禁系统,包括远程断路器的所有功能,但主控芯片选择 51 单片机,晶振电路和复位电路不能省略。该设计与智慧能控读卡计费系统的设计思路非常相似,原理相似,控制思路也相近,以此作为举一反三的实践内容,让读者在反复练习的过程中,掌握智能硬件设计的一般思路和方法。

任务展开

3-8-1 查阅 51 系列任意一款符合要求的单片机资料,学习其基本使用方法,了解其最小系统设计要求;

3-8-2 书写基于 51 单片机的 RFID 门禁系统设计任务书;

3-8-3 设计基于 51 单片机的 RFID 门禁系统的原理图;

3-8-4 设计基于 51 单片机的 RFID 门禁系统的 PCB 图。

任务考核

(1)要求能提交一份 500 字左右、图文并茂的设计说明文档,能正确表述其设计原理;

(2)能设计出系统原理图和线路板 PCB 图纸,并在系统实物电路板上调试程序。

任务 3-9　行业拓展案例　基于 STM32 单片机 RFID 考勤系统设计

任务课时

4 课时

任务导入

为了提高读者的 RFID 系统设计能力，将基于 STM32 单片机的 RFID 考勤系统设计作为举一反三的素材，可以有效锻炼读者对 RFID 系统的理解及动手设计能力。

任务目标

设计一款基于 STM32 单片机的 RFID 考勤系统，包括远程断路器的所有功能，但主控芯片选择 STM32 单片机，晶振电路和复位电路不能省略。该设计与智慧能控读卡计费系统的设计思路非常相似，原理相似，控制思路也相近，以此作为举一反三的实践内容，让读者在反复练习的过程中，掌握智能硬件设计的一般思路和方法。

任务展开

3-9-1　查阅 STM32 系列任意一款符合要求的单片机资料，学习其基本使用方法，了解其最小系统设计要求；

3-9-2　书写基于 STM32 单片机的 RFID 考勤系统设计任务书；

3-9-3　设计基于 STM32 单片机的 RFID 考勤系统原理图；

3-9-4　设计基于 STM32 单片机的 RFID 考勤系统 PCB 图。

任务考核

（1）要求能提交一份 500 字左右、图文并茂的设计说明文档，能正确表述其设计原理；

（2）能设计出系统原理图和线路板 PCB 图纸，并在系统实物电路板上调试程序。

学期总结

总结A　成果讲评

课时

2 课时

总结导入

　　一个学期的课程即将结束，在这个学期中，有些同学做出的智能硬件产品稳定可靠、功能齐全、有创新，也有些同学设计的智能硬件产品缺胳膊少腿，有明显功能缺陷和软件 BUG，为了鼓励学得好的同学继续刻苦学习，激励学得稍差的同学加油追赶，本节课将挑选物联网专业内做得比较好的 3 ～ 5 个作品及做得比较差的 3 ～ 5 个作品进行对比讲评。

总结目标

　　表扬有创意、有定力、勤于实践的同学，激励表现欠佳的同学，鼓舞大家勇于实践创新，培育大国工匠。

总结子项

　　A-1　挑选 3 ～ 5 个优秀作品进行讲评；

　　A-2　挑选 3 ～ 5 个欠佳作品进行讲评；

　　A-3　总结常见设计缺陷，提出改进措施。

总结B　期末答疑

课时

　　3 课时

总结导入

　　一个学期的课程结束了，课程进入收尾阶段，针对大家对本课程的疑惑，进行有针对性的答疑解惑。

 总结目标

　　答疑解惑、反哺教学。

 总结子项

　　B-1　读者作品存在的问题答疑；

　　B-2　读者关于本课程的问题答疑；

　　B-3　读者关于专业课程结构的答疑；

　　B-4　总结容易引起读者疑惑的问题点，进行学科修复，提高课程科学性，探索专业课程结构修复方案。

附录

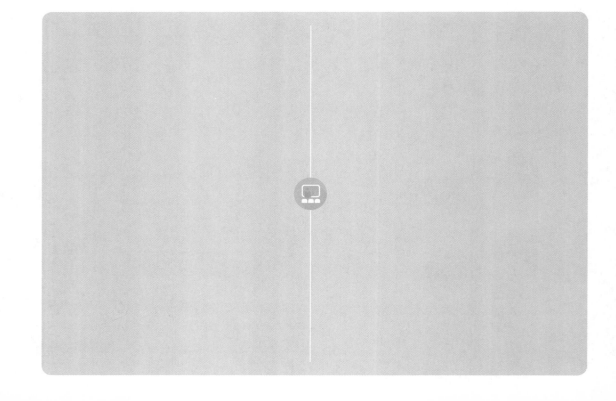

附录 A 制板工厂参观

嘉立创制板工厂可以在线参观,可以进行作业现场参观,也可以进行设备参观,在教学中组织在线参观的目的有两个:

(1)根据电路板在工厂实际生产流程介绍及视频,学习 PCB 制作的关键工艺,理解 PCB 关键要素的作用。

(2)繁忙的机械劳作场景,很少有人参观,让身在高墙内的理论学习者,了解真实工厂的实际场景,了解工厂内的真实自动化水平,用华为老总任正非的话讲,大读者应该好好学习科学技术,否则连打工的机会都没有了。

在线参观可以在嘉立创公司主页进行,也可以下载嘉立创的下单助手,在下单助手首页进行,公司主页地址为 https://www.jlc.com,页面如附图 A-1 所示,下单助手可以在嘉立创网站下载。

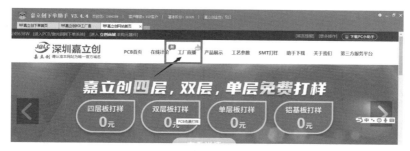

附图 A-1 嘉立创下单助手首页

点击工厂直播后,转入工厂直播画面,如附图 A-2 所示,页面的右侧有工艺展示在线视频及设备展示在线视频列表,点击列表中相应视频后,可以打开视频,左侧的视频画面中,实时播放嘉立创工厂内的生产情况,可以看到设备运转的情况,也会偶尔看到有人参与的场景。

电路板生产现场,是自动化程度不算太高的行业,自动化程度比较高的如华为手机的组装车间、特斯拉电动车的装配车间等,即使在电路板生产现场,每日交付量非常巨大,但是参与的操作人员非常少,这也是未来很多行业的发展趋势,用机器代替人的操作。

附图 A-2 工厂直播页

每个直播视频的下方,都有该生产车间的工作内容介绍,详细说明了本工序的主要实现方法、原理和过程,读者可以深入了解电路板的相关原理,如附图 A-3 所示,用户也可以在此留言咨询相关问题。

简介

阻焊:制作好PCB线路后,要在PCB表面印刷一层阻焊油,这层阻焊油可以保护PCB线路,还会影响阻抗,计算阻抗时也要考虑阻焊油哦,还有阻止焊锡的作用,有阻焊油的部分是不会上锡的,所以叫阻焊层,我们PCB设计里TopSolder层和BottomSolder层,通常叫阻焊层,其实它真实意义是Solder(焊接、焊盘),真实名称叫阻焊腌膜层,也叫阻焊开窗,设计在opSolder层和BottomSolder层图元不会有阻焊油,表面处理会被喷上锡或沉金等。连接IC焊盘间的阻焊层叫阻焊桥,如果IC焊盘间没有阻焊油,叫开通窗,听了小编的描述,现在对PCB工程叫法不再陌生了吧。

注意:此留言仅作为嘉立创与客户日常交流之用,回复不是很及时,急切问题请联系我司工作人员处理!

附图 A-3　工序讲解页

附录 B　设计平台

课程采用的设计平台是国产终身免费软件立创 EDA,简单易用,具有与 Protel 等设计软件匹配的设计及仿真功能,在线下载地址为:https://lceda.cn/。下载页面如附图 B-1 所示。

附图 B-1　设计平台下载页面

软件为用户提供了各种平台的版本,如附图 B-2 所示,用户可根据需要下载相应版本,用户甚至可以通过 web 的形式进行设计开发,非常方便。

附图 B-2　客户端版本选择

附录 C   开源平台

立创 EDA 配备大量的设计实例,可以直接下载并直接打样生产(仅用于学习用途),如附图 C-1 所示。

附图 C-1   开源平台

开源平台上的硬件实例及软件也可以下载后二次开发,如附图 C-2 所示。

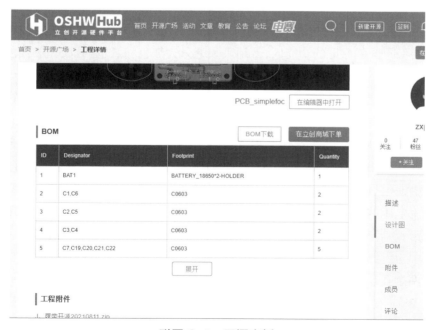

附图 C-2   开源实例

附图 C-2 中的开源实例中,包含原理图、PCB 图纸的工程附件,还包括便于元件采购的 BOM 表,资料非常齐全,对于初学者,可以利用这些资源迅速提升自己的电路设计基础知识和 PCB 设计技巧。

附录 D　常用工具之万用表

万用表是智能硬件设计及维护维修过程中最重要的工具之一,也是必须要用的工具之一,万用表可以用来测量电阻、电压、电流等常见电参数数值,一些高级的万用表还可以测量电容值、电感值等,常用万用表如附图 D-1 所示。

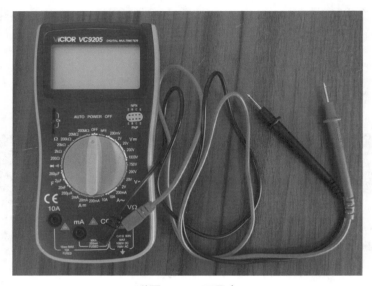

附图 D-1　万用表

附图 D-1 所示万用表的基础功能有五种:测通断、测电阻、测电压、测电流、测量晶体管,其中电压电流又可分为直流电压、交流电压和直流电流、交流电流,这些功能体现在数字万用表的表盘上不同颜色标记的功能区,万用表表笔分为红色和黑色两根,一般红色用来接正极,黑色接负极。

操作万用表,最重要的区域是表盘区,如附图 D-2 所示,其中最常用的有 8 个区,箭头 1所指向的区域为欧姆挡,欧姆挡用来测量电阻阻值,测量元器件电阻时,必须将元器件脱离电路,更不准带电测量,否则测量不准,甚至损坏万用表;箭头 2 指向的区只有 OFF 挡,也就是关闭万用表电源的开关位,万用表不用时必须拨到 OFF 挡,其他挡均耗电,时间长了就会耗尽万用表电池电量;箭头 3 指向的区域为直流电压挡,用于测量直流电压值;箭头 4 指向的区域为交流电压挡,用于测量交流电压值;箭头 5 指向的区域为交流电流挡,用于测量交流电流值;箭头 6 指向的区域为直流电流挡,用于测量直流电流值,测量电流时,表笔要串联到被测电路中,并且红表笔插到万用表的测电流专用插孔,如附图 D-2 左下角标注 10 A 和mA 的插孔,两个孔仅量程不同。

附图 D-2 中,箭头 7 所指向的区域为电容挡,用于测量电容值,但电容值测量相对不会很精准,仅做参考;箭头 8 指向的挡位为特殊的电阻挡,通常挡测量电阻阻值较小时,万用表会发出响声,因此用这个挡位可以测量电路是否短路,打到这一挡时,万用表会从红表笔输出电源正极,黑表笔输出电源负极,电压值足够导通普通的二极管和 LED 灯珠,因此该挡位也用于测量二极管的极性或 LED 等的极性。

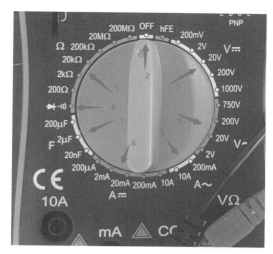

附图 D-2　万用表表盘

附录E　SMT 贴片工艺

电路板手动焊接只适合样板的制作,效率低,焊接工艺差,容易出现虚焊、漏焊、焊点不匀称等技术问题,造成电路板工作不正常,也会因手动焊接速度慢造成工期长、交付延期等问题,因此电路板批量加工出货时,通常采用机器焊接的方式,通常称为 SMT 贴片。SMT(surface mounted technology 的缩写)是表面组装技术(表面贴装技术),是电子组装行业里最流行的一种技术和工艺。SMT 贴片指的是在 PCB 基础上进行加工的系列工艺流程的简称,它是一种将无引脚或短引线表面组装元器件(简称 SMC/SMD,中文称片状元器件)安装在印制电路板(printed circuit board,PCB)的表面或其他基板的表面上,通过回流焊或浸焊等方法加以焊接组装的电路装连技术。

◆ E-1　SMT 流程

SMT 基本工艺构成要素包括:丝印(或点胶)、贴装(或固化)、回流焊接、清洗、检测、返修等环节。

1. 丝印

其作用是将焊膏或贴片胶漏印到 PCB 的焊盘上,为元器件的焊接做准备。所用设备为丝印机(丝网印刷机),位于 SMT 生产线的最前端。

2. 点胶

它是将胶水滴到 PCB 板的固定位置上,其主要作用是将元器件固定到 PCB 板上。所用设备为点胶机,位于 SMT 生产线的最前端或检测设备的后面。

3. 贴装

其作用是将表面组装元器件准确安装到 PCB 的固定位置上。所用设备为贴片机,位于 SMT 生产线中丝印机的后面。

4. 固化

其作用是将贴片胶融化,从而使表面组装元器件与PCB板牢固粘接在一起。所用设备为固化炉,位于SMT生产线中贴片机的后面。

5. 回流焊接

其作用是将焊膏融化,使表面组装元器件与PCB板牢固粘接在一起。所用设备为回流焊炉,位于SMT生产线中贴片机的后面。

6. 清洗

其作用是将组装好的PCB板上面对人体有害的焊接残留物如助焊剂等除去。所用设备为清洗机,位置可以不固定,可以在线,也可不在线。

7. 检测

其作用是对组装好的PCB板进行焊接质量和装配质量的检测。所用设备有放大镜、显微镜、在线测试仪(ICT)、飞针测试仪、自动光学检测(AOI)、X-RAY检测系统、功能测试仪等。位置根据检测的需要,可以配置在生产线合适的地方。

8. 返修

其作用是对检测出现故障的PCB板进行返工。所用工具为烙铁、返修工作站等。配置在生产线中任意位置。

◆ E-2 SMT工艺

1. 单面组装

来料检测 ⇒ 丝印焊膏(点贴片胶)⇒ 贴片 ⇒ 烘干(固化)⇒ 回流焊接 ⇒清洗 ⇒ 检测 ⇒ 返修。

2. 双面组装

(1)来料检测 ⇒ PCB的A面丝印焊膏(点贴片胶)⇒ 贴片 PCB的B面丝印焊膏(点贴片胶)⇒ 贴片 ⇒烘干 ⇒ 回流焊接(最好仅对B面清洗 ⇒ 检测 ⇒ 返修)。

(2)来料检测 ⇒ PCB的A面丝印焊膏(点贴片胶)⇒ 贴片 ⇒ 烘干(固化)⇒ A面回流焊接 ⇒ 清洗 ⇒ 翻板;PCB的B面点贴片胶 ⇒ 贴片 ⇒ 固化 ⇒ B面波峰焊 ⇒ 清洗 ⇒ 检测 ⇒ 返修。

此工艺适用于在PCB的A面回流焊,B面波峰焊。在PCB的B面组装的SMD中,只有SOT或SOIC(28)引脚以下时,宜采用此工艺。

3. 单面混装工艺

来料检测 ⇒ PCB的A面丝印焊膏(点贴片胶)⇒ 贴片 ⇒烘干(固化)⇒回流焊接 ⇒ 清洗 ⇒ 插件 ⇒ 波峰焊 ⇒ 清洗 ⇒ 检测 ⇒ 返修。

4. 双面混装工艺

(1)来料检测 ⇒ PCB的B面点贴片胶 ⇒ 贴片 ⇒ 固化 ⇒ 翻板 ⇒ PCB的A面插件⇒

波峰焊 ⇒ 清洗 ⇒ 检测 ⇒ 返修。

先贴后插,适用于 SMD 元件多于分离元件的情况。

(2)来料检测 ⇒ PCB 的 A 面插件(引脚打弯)⇒ 翻板 ⇒ PCB 的 B 面点贴片胶 ⇒ 贴片 ⇒ 固化 ⇒ 翻板 ⇒ 波峰焊 ⇒ 清洗 ⇒ 检测 ⇒ 返修。

先插后贴,适用于分离元件多于 SMD 元件的情况。

(3)来料检测 ⇒ PCB 的 A 面丝印焊膏 ⇒ 贴片 ⇒ 烘干 ⇒ 回流焊接 ⇒插件(引脚打弯)⇒ 翻板 ⇒ PCB 的 B 面点贴片胶 ⇒ 贴片 ⇒ 固化 ⇒ 翻板 ⇒ 波峰焊 ⇒清洗 ⇒ 检测 ⇒ 返修 A 面混装,B 面贴装。

(4)来料检测 ⇒ PCB 的 B 面点贴片胶 ⇒ 贴片 ⇒ 固化 ⇒ 翻板 ⇒ PCB 的 A 面丝印焊膏 ⇒ 贴片 ⇒ A 面回流焊接 ⇒ 插件 ⇒ B 面波峰焊 ⇒ 清洗 ⇒ 检测 ⇒返修 A 面混装,B 面贴装。先贴两面 SMD,回流焊接,后插装,波峰焊 1 ⇒ 来料检测 ⇒ PCB 的 B 面丝印焊膏(点贴片胶)⇒ 贴片 ⇒ 烘干(固化)⇒回流焊接 ⇒ 翻板 ⇒ PCB 的 A 面丝印焊膏 ⇒ 贴片 ⇒ 烘干 = 回流焊接 1(可采用局部焊接)⇒ 插件 ⇒ 波峰焊 2(如插装元件少,可使用手工焊接)⇒ 清洗 ⇒检测 ⇒ 返修 A 面贴装、B 面混装。

5.双面组装工艺

(1)来料检测 ⇒ PCB 的 A 面丝印焊膏(点贴片胶)⇒ 贴片 ⇒ 烘干(固化)⇒ A 面回流焊接 ⇒ 清洗 ⇒ 翻板;PCB 的 B 面丝印焊膏(点贴片胶)⇒ 贴片 ⇒ 烘干 ⇒ 回流焊接(最好仅对 B 面,清洗 ⇒ 检测 ⇒ 返修)。

此工艺适合在 PCB 两面均贴装有 PLCC 等较大的 SMD 时采用。

(2)来料检测 ⇒ PCB 的 A 面丝印焊膏(点贴片胶)⇒ 贴片 ⇒ 烘干(固化)⇒ A 面回流焊接 ⇒ 清洗 ⇒ 翻板;PCB 的 B 面点贴片胶 ⇒ 贴片 ⇒ 固化 ⇒ B 面波峰焊 ⇒ 清洗 ⇒ 检测 ⇒ 返修)。

此工艺适用于在 PCB 的 A 面回流。

附录 F　C 语言基本语法

◆ F-1　C 关键字

> **说明:**
> 来自网络资源。

1.基本数据类型(5 个)

int:整型数据,通常为默认类型;

float:单精度浮点型;

double:双精度浮点型;

char:字符型类型数据,属于整型数据的一种;

void:空类型,声明函数无返回值或无参数,声明无类型指针。

2. 类型修饰关键字(4个)

short：修饰 int, 短整型数据，可省略被修饰的 int；

long：修饰 int, 长整形数据，可省略被修饰的 int；

signed：修饰整型数据，有符号数据类型；

unsigned：修饰整型数据，无符号数据类型。

3. 复杂类型关键字(5个)

struct：结构体声明；

union：共用体声明；

enum：枚举声明；

typedef：声明类型别名；

sizeof：得到特定类型或特定类型变量的大小。

4. 跳转结构(4个)

return：用在函数体中，返回特定值(或是 void 值，即不返回值)；

continue：结束当前循环，开始下一轮循环；

break：跳出当前循环或 switch 结构；

goto：无条件跳转语句。

5. 分支结构(5个)

if：条件语句，后面不需要放分号；

else：条件语句否定分支(与 if 连用)；

switch：开关语句(多重分支语句)；

case：开关语句中的分支标记；

default：开关语句中的"其他"分支，可选。

6. 循环结构(3个)

for: 循环结构 ,for(1;2;3)4; 的执行顺序为 1->2->4->3->2…循环，其中 2 为循环条件；

do :do 循环结构 ,do 1 while(2); 的执行顺序是 1->2->1…循环，2 为循环条件；

while :while 循环结构 ,while(1)2; 的执行顺序是 1->2->1…循环，1 为循环条件。

◆ F-2　C 标识符

程序中自定义的一些符号和名称，由 26 个英文字母的大小写、10 个阿拉伯数字 0~9、下划线 _ 等字符组成,注意：

(1) 不能以数字开头；

(2) 不能与关键字重名；

(3) 严格区分大小写；

(4) 起名要有意义；

(5) 便于识别。

F-3 C数据

如文字、图片、声音等存储在计算机中的信息都可以称之为数据,由二进制数 0 和 1 组成。

单位:1 byte(字节)=8 bit 1 KB=1024 byte 1 MB(兆)=1024 KB 1 G=1024 MB 1 T=1024 G;(最小单位为 bit)

MB 与 Mb 的区别:一般数据机及网络通信的传输速率都是以 bps 为单位。大写 B 代表 byte,小写 b 代表 bit,如 4Mbps 及 10Mbps 等。以 1M 宽带为例,1Mbps 等于 $1×1024/8$,亦即等于 128 KB/s。

F-4 C注释

对代码进行解释说明,辅助调试代码,不参加编译,可以出现中文字符。

(1)单行注释: // 想注释的内容 ?

(2)多行注释: /* 想注释的内容 */

注意:只能放在一句完整的代码后面,不能在前面,或插在中间;多行注释可以嵌套单行,但是不能嵌套多行。

F-5 C常量

一些固定不变的量称为常量。

1. 整型常量

二进制数:0b 开头 0b00001010;

八进制数:0 开头 012;

十进制数:默认 10;

十六进制:0x 0xff01。

2. 实型常量

单精度:2.3f;

双精度:4.5(默认)。

3. 字符型常量(单引号)

例如:'a' , ' ', '$', '\n'(转义字符)。

4. 字符串常量(双引号)

例如:"abc", "a", " "(空格), ""(空字符串)。

F-6 C变量

表示一个需要经常改变或者不确定的数据的符号称为变量(变量在内存中代表了一块内存区域)。

1. 使用流程

定义⇒初始化⇒使用,即"先定义后使用"。

2. 变量的定义（遵守标识符的命名规则）

```
int a;
int a,b,c;
```

变量定义后不赋值：这个变量的值是不确定的（①随机数；②上个程序在内存中驻留的；③系统的）。

3. 变量的初始化

1）先定义，后初始化

```
int a;
a=10;
```

2）定义的同时初始化

```
int a = -1;
```

3）使用其他的变量初始化

```
int a = 0; int b = a;
```

4）连续初始化（不推荐）

```
int a,b,c;
a = b = c =10;
```

4. 变量的使用（一般用于逻辑计算）

```
int a =0;
int b;
b = a+10;
a = b;
```

5. 变量的作用域

1）局部变量

概念：函数或者代码块中定义的变量作用域。从定义的"{"位置开始向下，遇到所在的块的"}"结束。

2）全局变量

概念：在函数的外部定义的变量。其特点为：作用域是其所在位置之下的所有函数，都可以共享并改变；变量的使用遵循就近原则，如果函数内有同名变量，那么用函数自己的；如果没有初始化赋值，默认值是 0。

◆ F-7 C 数组

数组是一片连续的存储空间，使用数组名称表示数组的身份和首地址，使用下标表示数组中的具体元素。

(1)定义:数组类型　数组名 [数组长度],如 int buf[5];

(2)赋值: buf[0]=1;buf[3]=88;

(3)定义与赋值结合: int buf[ ]={0,1,2,5,8}。

◆ F-8　C 位运算

C 位运算是直接对整数在内存中的二进制位进行操作的运算方法,直接通过操作二进制的位来实现运算,很高效。

(1)& 与运算:对应两个二进位均为 1 时,结果位才为 1,否则为 0(有假为假 ==0)。

(2)| 或运算:对应的两个二进位有一个为 1 时,结果位就为 1,否则为 0(有真为真 ==1)。

(3)异或运算:对应的二进位不同时为 1,否则为 0(不同为真 ==1,相同为假 ==0)。

(4)~ 取反运算:对整数的各二进位进行取反,包括符号位(0 变 1,1 变 0,真假互换)。

(5)<< 左移:把整数的各二进位全部左移 n 位,高位丢弃(包括符号位),低位补 0,左移 n 位其实就是乘以 2 的 n 次方(但移动后符号位变化除外 , 符号位改变则正负改变)。

(6)>> 右移:把整数的各二进位全部右移 n 位 , 符号位不变。高位的空缺是正数补 0,是负数高位是补 0 或是补 1 取决于编译系统的规定;右移 n 位其实就是除以 2 的 n 次方。

◆ F-9　C 函数

组成 C 语言源程序的基本单位,完成特定功能的代码段称之为函数,如 main( )为主函数,是 C 程序的入口。将程序段封装成函数,其优点是:对一个功能进行封装,提高程序可读性、复用性,提高开发效率。

1. 定义方法

返回值类型 函数名(形式参数类型 参数名 1,……)。

```
{
函数体;
//return (返回值)
}
```

2. 函数定义到使用

分三步:第一步,声明;第二步,定义函数;第三步,调用函数。先定义后使用。

3. 函数类型

有参无返回值 :void test(int x,float y){ };

无参无返回值 :void test1( ){ };

有参有返回值 : int max(int x,int y){ return x>y?x:y; };

无参有返回值 : int test2( ){ return 10;} 。

4. 函数的参数

在定义函数的时候 , 函数名后面小括号中的参数格式:数据类型 变量 , 如 :int x; 只能在本函数中使用,如 MAX(56,78)中 56、78 就是两个参数。

5. 函数的返回值

执行函数体中的程序段,最后获取的值并返回给主调函数,函数的返回值只能通过 return 关键字进行返回。

格式:return 表达式;/ return(表达式);

比如:return 0; return(a+b); return a>b?a:b;

函数中可以有多个 return,但是只有一个起作用。

6. 函数的调用

1)函数的声明

由于程序是由上到下执行,编译器不知道我们是否已经定义了某个函数,为了防止编译器编译的时候报错(函数调用),所以要告诉编译器,已经定义了哪些函数。

原则:在调用函数之前,进行该函数的声明。

声明的方法技巧:

复制函数的头部,加上分号,写在调用方法之前,比如:

```
int max(int x,int y);   //声明
```

2)函数的调用

定义:函数名(实参列表);

如 max(56,89)。

附录 G C# 语言基本语法

C# 是一个现代的、通用的、面向对象的编程语言,由微软(Microsoft)开发,由 Ecma 和 ISO 核准认可。C# 是专为公共语言基础结构(CLI)设计的,CLI 由可执行代码和运行时环境组成,允许在不同的计算机平台和体系结构上使用各种高级语言。

◆ G-1 C# 环境

C# 是 .Net 框架的一部分,且用于编写 .Net 应用程序,微软(Microsoft)提供了下列用于 C# 编程的开发工具:Visual Studio(VS)、Visual C# Express(VCE)、Visual Web Developer,后面两个是免费使用的,可从微软官方网址下载。Visual C# Express 和 Visual Web Developer Express 版本是 Visual Studio 的定制版本,且具有相同的外观和感观。它们保留 Visual Studio 的大部分功能。初学者可以使用这些免费的版本进行学习。虽然 .NET 框架是运行在 Windows 操作系统上,但是也有一些运行于其他操作系统上的版本可供选择,Mono 是 .NET 框架的一个开源版本,它包含了一个 C# 编译器,且可运行于多种操作系统上,比如各种版本的 Linux 和 Mac OS,Mono 的目的不仅仅是跨平台地运行微软 .NET 应用程序,而且也为 Linux 开发者提供了更好的开发工具。Mono 可运行在多种操作系统上,包括 Android、

BSD、iOS、Linux、OS X、Windows、Solaris 和 UNIX。

G-2 C# 程序基本组成

C# 文件的后缀为 .cs，一个 C# 程序主要包括以下部分：

(1)命名空间声明(Namespace declaration)；

(2)一个 class；

(3)Class 方法；

(4)Class 属性；

(5)一个 Main 方法；

(6)语句(Statements)& 表达式(Expressions)；

(7)注释。

使用 C# 时要注意以下几点：

(1)C# 是大小写敏感的；

(2)所有的语句和表达式必须以分号(;)结尾；

(3)程序的执行从 Main 方法开始。

G-3 C# 注释

注释是用于解释代码，注释中可以出现中文字符，但是程序代码中不允许有中文字符出现，注释没有必要以分号结尾。编译器会忽略注释的条目，在 C# 程序中，多行注释以 /* 开始，并以字符 */ 终止，如：

```
/* This program demonstrates
这是个 C# 程序多行注释的示例
谢谢使用 */
```

单行注释是用 // 符号表示，如：

```
// 物联班同学人数变量定义为 NUM_wlclass
```

G-4 C# 数据类型

C#中的数据类型非常多，在此仅介绍书中用到的一些简单数据类型，如附表G-1所示。

附表 G-1   C# 中的一些简单数据类型

类型	描述	范围	默认值
bool	布尔值	True 或 False	False
byte	8 位无符号整数	0 到 255	0
char	16 位 Unicode 字符	U +0000 到 U +ffff	'\0'
decimal	128 位精确的十进制值，28 ~ 29 有效位数	$(-7.9 \times 10^{28} \sim 7.9 \times 10^{28}) / 10^{0 \sim 28}$	0.0M
double	64 位双精度浮点型	$(+/-)5.0 \times 10^{-324} \sim (+/-)1.7 \times 10^{308}$	0.0D
float	32 位单精度浮点型	$-3.4 \times 10^{38} \sim + 3.4 \times 10^{38}$	0.0F

类型	描述	范围	默认值
int	32 位有符号整数类型	−2,147,483,648 ~ 2,147,483,647	0
long	64 位有符号整数类型	−9,223,372,036,854,775,808 ~ 9,223,372,036,854,775,807	0L
sbyte	8 位有符号整数类型	−128 ~ 127	0
short	16 位有符号整数类型	−32,768 ~ 32,767	0
uint	32 位无符号整数类型	0 ~ 4,294,967,295	0
ulong	64 位无符号整数类型	0 ~ 18,446,744,073,709,551,615	0
ushort	16 位无符号整数类型	0 ~ 65,535	0

◆ G–5　C# 数据类型转换

类型转换从根本上说是类型铸造，或者说是把数据从一种类型转换为另一种类型。在 C# 中，类型铸造有两种形式：隐式类型转换，这些转换是 C# 默认的以安全方式进行的转换，不会导致数据丢失，例如从小的整数类型转换为大的整数类型，从派生类转换为基类；显式类型转换，即强制类型转换，显式转换需要强制转换运算符，而且强制转换会造成数据丢失，常用转换方法如附表 G–2 所示。

附表 G–2　C# 数据类型常用转换方法

序号	方法 & 描述
1	ToBoolean 如果可能的话，把类型转换为布尔型
2	ToByte 把类型转换为字节类型
3	ToChar 如果可能的话，把类型转换为单个 Unicode 字符类型
4	ToDateTime 把类型（整数或字符串类型）转换为“日期 – 时间”结构
5	ToDecimal 把浮点型或整数类型转换为十进制类型
6	ToDouble 把类型转换为双精度浮点型
7	ToInt16 把类型转换为 16 位整数类型
8	ToInt32 把类型转换为 32 位整数类型
9	ToInt64 把类型转换为 64 位整数类型
10	ToSbyte 把类型转换为有符号字节类型
11	ToSingle 把类型转换为小浮点数类型
12	ToString 把类型转换为字符串类型
13	ToType 把类型转换为指定类型
14	ToUInt16 把类型转换为 16 位无符号整数类型
15	ToUInt32 把类型转换为 32 位无符号整数类型
16	ToUInt64 把类型转换为 64 位无符号整数类型

◆　G-6　C# 变量

在 C# 中每个变量都有一个特定的类型,类型决定了变量的内存大小和布局。范围内的值可以存储在内存中,可以对变量进行一系列操作。C# 中提供的基本的值类型大致可以分为附表 G-3 所示的几类。

附表 G-3　C# 变量类型分类

类型	举例
整数类型	sbyte、byte、short、ushort、int、uint、long、ulong 和 char
浮点型	float 和 double
十进制类型	decimal
布尔类型	true 或 false 值,指定的值
空类型	可为空值的数据类型

变量的命名方式与 C 语言相同,必须由字母、数字和下划线组成,并且首字符必须为字母或下划线,比如定义一个整形变量标示读者年龄,则可以定义为 int Age_student。

◆　G-7　C# 常量

常量是固定值,程序执行期间不会改变,常量可以是任何基本数据类型,比如整数常量、浮点常量、字符常量或者字符串常量,还有枚举常量。常量可以被当作常规的变量,只是它们的值在定义后不能被修改。

1. 整数常量

整数常量可以是十进制、八进制或十六进制的常量,前缀指定基数:0x 或 0X 表示十六进制,O 表示八进制,没有前缀则表示十进制;整数常量也可以有后缀,可以是 U 和 L 的组合,其中 U 和 L 分别表示 unsigned 和 long,后缀可以是大写或者小写,多个后缀以任意顺序进行组合。

2. 浮点常量

一个浮点常量是由整数部分、小数点、小数部分和指数部分组成,可以使用小数形式或者指数形式来表示浮点常量。使用浮点形式表示时,必须包含小数点、指数或同时包含两者。使用指数形式表示时,必须包含整数部分、小数部分或同时包含两者。有符号的指数是用 e 或 E 表示的。

3. 字符常量

字符常量是括在单引号里,例如, 'x',且可存储在一个简单的字符类型变量中。一个字符常量可以是一个普通字符(例如 'x')、一个转义序列(例如 '\t')或者一个通用字符(例如 '\u02C0')。在 C# 中有一些特定的字符,当它们的前面带有反斜杠时有特殊的意义,可用于表示换行符(\n)或制表符 tab(\t),常用的转义序列如附表 G-4 所示。

附表 G-4　常用的转义序列

转义序列	含义
\\	\ 字符
\'	' 字符
\"	" 字符
\?	? 字符
\a	Alert 或 bell
\b	退格键(Backspace)
\f	换页符(Form feed)
\n	换行符(Newline)
\r	回车
\t	水平制表符 tab
\v	垂直制表符 tab
\OOO	一到三位的八进制数

字符串常量:字符串常量是括在双引号 "" 里,或者是括在 @"" 里。字符串常量包含的字符与字符常量相似,可以是普通字符、转义序列和通用字符;使用字符串常量时,可以把一个很长的行拆成多个行,可以使用空格分隔各个部分。

定义常量语法:

```
const <data_type> <constant_name> = value;
```

比如:

```
const int c1 = 5;
```

◆　G-8　C# 运算符

运算符是一种告诉编译器执行特定的数学或逻辑操作的符号。C# 有丰富的内置运算符,包括算术运算符、关系运算符、逻辑运算符、位运算符、赋值运算符、其他运算符等,以下仅列出常用的运算符。

算术运算符:附表 G-5 显示了 C# 支持的所有算术运算符(假设变量 A 的值为 10,变量 B 的值为 20)。

附表 G-5　C# 支持的所有算术运算符

运算符	描述	实例
+	把两个操作数相加	$A + B$ 将得到 30
−	从第一个操作数中减去第二个操作数	$A - B$ 将得到 −10
*	把两个操作数相乘	$A * B$ 将得到 200
/	分子除以分母	B / A 将得到 2
%	取模运算符,整除后的余数	$B \% A$ 将得到 0
++	自增运算符,整数值增加 1	$A++$ 将得到 11
−−	自减运算符,整数值减少 1	$A--$ 将得到 9

注意：c=a++：先将 a 赋值给 c，再对 a 进行自增运算；c=++a：先将 a 进行自增运算，再将 a 赋值给 c；c=a--：先将 a 赋值给 c，再对 a 进行自减运算；c=--a：先将 a 进行自减运算，再将 a 赋值给 c。

关系运算符：附表 G-6 显示了 C# 支持的所有关系运算符（假设变量 A 的值为 10，变量 B 的值为 20）。

附表 G-6　C# 支持的所有关系运算符

运算符	描述	实例
==	检查两个操作数的值是否相等，如果相等则条件为真	$(A == B)$ 不为真
!=	检查两个操作数的值是否相等，如果不相等则条件为真	$(A != B)$ 为真
>	检查左操作数的值是否大于右操作数的值，如果是则条件为真	$(A > B)$ 不为真
<	检查左操作数的值是否小于右操作数的值，如果是则条件为真	$(A < B)$ 为真
≥	检查左操作数的值是否大于或等于右操作数的值，如果是则条件为真	$(A \geq B)$ 不为真
≤	检查左操作数的值是否小于或等于右操作数的值，如果是则条件为真	$(A \leq B)$ 为真

逻辑运算符：附表 G-7 显示了 C# 支持的所有逻辑运算符。假设变量 A 为布尔值 true，变量 B 为布尔值 false，则：

附表 G-7　C# 支持的所有逻辑运算符

运算符	描述	实例
&&	称为逻辑与运算符。如果两个操作数都非零，则条件为真	$(A \&\& B)$ 为假
‖	称为逻辑或运算符。如果两个操作数中有任意一个非零，则条件为真	$(A ‖ B)$ 为真
!	称为逻辑非运算符。用来逆转操作数的逻辑状态。如果条件为真则逻辑非运算符将使其为假	$!(A \&\& B)$ 为真

◆ G-9　C# 数组

数组是存储批量数据的最常用形式之一，在 C# 中定义一个数组的语法为：datatype[] arrayName;，如：

```
double[] balance = { 2340.0, 4523.69, 3421.0};
double[] balance = new double[10];
```

◆ G-10　C# 判断与循环

语法与 C 语言基本一样，参照 C 语言语法。

附录 H　课程标准

课程简介如附表 H-1 所示。

附表 H-1　课程简介

课程名称	智能硬件设计与维护	典型岗位职业能力	物联网维护工程师
课程代码	030615	课程类型	专业核心课
课程负责人	曹振华	总学时 / 总学分	90/5
适用专业	物联网应用技术	开课单位	信息技术学院

◆　H-1　课程性质

《智能硬件设计与维护》课程是物联网应用技术专业的专业核心课,培养读者的电子元件认知能力、电路分析设计能力、印刷电路板设计能力和基于微控制器的系统调测能力,自成闭环,在设计过程中推理故障原因、定位故障点、锻炼维修维护技能,完整呈现首岗能力。

课程无前导课程,后续课程包括微处理器程序设计、嵌入式系统应用、传感网应用技术等课程,后续课程的学习可以进一步扩展智能硬件的功能模块,对智能硬件开发技能起到举一反三的作用。

◆　H-2　课程目标

1. 总体目标

课程以 ×××× 学院智慧校园中的智慧教室真实场景为应用载体,以智能硬件设计开发的完整流程为主线进行内容设计,使读者在每个设计环节中学到相关必备知识和技能,通过各个环节的实践锻炼,最终设计实现智能硬件产品,从而掌握智能硬件设计的全部流程和技能,引入模块化设计思想,在设计过程中分析可能出现的故障现象和原因,锤炼维护维修能力,掌握物联网应用技术专业首岗能力所需的技能要求。

2. 知识目标

(1)理解智慧教室中智能硬件的典型组成部分和原理;

(2)掌握智能硬件的常见电子元器件的基本使用和采购方法;

(3)掌握智慧教室中智能硬件的常用电路的原理和设计方法;

(4)掌握 EDA 中原理图的设计方法;

(5)掌握 EDA 中线路板的设计方法;

(6)掌握电路板图纸的规则检测方法及修改方法;

(7)掌握贴片元件及插件元件的焊接方法和评价方法;

(8)掌握智能硬件程序的调试方法;

(9)熟悉智能硬件高端软件设计使用方法;

(10)掌握智能硬件故障的板级维修方法。

3. 能力目标

读者学习完本门课程后,从电子元件的购买,到硬件板卡的设计,再到智能硬件的焊接、调试,最后能在板卡上调试简单的软件程序,实现智能硬件设计目标。

(1) 能使用常见电子元件设计简单电路；

(2) 能使用 EDA 设计电路原理图；

(3) 能使用 EDA 设计印刷电路板卡图；

(4) 能在 EDA 中导出 BOM 并根据 BOM 采购元器件；

(5) 能找到生产平台发板制作电路板卡；

(6) 能采购元器件并焊接简单电路板；

(7) 能调试系统并维修电路板缺陷；

(8) 能编写高、低端程序软件，并进行系统调试。

4. 素养目标

在智能硬件设计与维护的全流程技能培养过程中，逐渐形成团队协作、吃苦耐劳、敢于创新、开拓进取的大国工匠精神。

(1) 通过项目组方式组织教学，培养读者沟通能力和团队协作精神；

(2) 通过企业真实项目的实践，培养读者物联网产品思维能力，提高读者法律意识和保护数据安全、保守企业商业机密的意识；

(3) 通过对读者完成项目的"点评—修改—再点评"教学过程，培养读者精益求精的工匠精神；

(4) 具备工作安全意识与自我保护能力；

(5) 能自觉遵守单位的规章制度和职业道德，有强烈的工作责任感。

◆　H-3　课程设计思路

1. 总体思路

坚持读者主体性原则、能力本位原则、职业活动导向原则、理论实践相结合原则、创新思维与创新能力培养原则。以"岗位能力"为标准来设计课程，践行理实一体化教学，以实践教学为中心，以职业能力为培养重点，采用项目式教学与任务驱动法等现代职业教育方式方法。

物联网应用技术专业培养的典型岗位为物联网维护工程师，该岗位的职业能力总结起来就是"懂硬件、会设计、能维护"，读者须有一定的硬件基础，会硬件设计和软件编程，对智能设备能进行有效的维护和维修。智能硬件设计与维护课的学习进程即是智能硬件从无到有的设计过程，教学过程以课堂面授、目标规划、设计实践和结果验收等过程为主线，课程进度设计如附图 H-1 所示。

2. 教学组织

项目组织：项目素材从简单到复杂，课程顺序按照智慧校园中智慧教室真实智能产品的研发流程进行设计组织，首先引入无需程序支持的纯硬件项目：智慧教室触摸开关，该项目不涉及微处理器知识，由纯电路组成，重点培养读者对智能硬件设计流程的总体认知，达到快速入门的目的；接着进行智慧教室环境监测系统原理图和电路板的设计，培养读者基于微处理器的控制系统原理图和电路板的设计能力、电子元件采购能力及电路板焊接与维护维修能力;然后进行智慧教室环境检测系统的调试,培养读者软件调试能力和硬件板级维修能力,最终读者完成智慧教室环境检测系统,读者毕业后带着自己设计的产品找工作,可提高职业竞争能力。

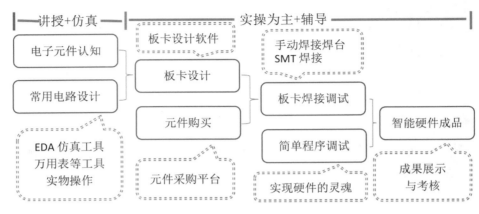

附图 H-1　课程设计路线图

课堂组织:按照"真实产品引入—任务分解—任务实施—教师点评—修改完善"的方式进行,遵循认识发展规律,"讲、练、评、改"一体化,以读者为中心,以读者动手实操为主,以教师讲授辅导为辅,提高读者在学习过程中的主动性与积极性,充分体现高职教育的职业性、实践性和开放性。

◆　H-4　课程内容与要求

课程内容与要求如附表 H-2 和附表 H-3 所示。

附表 H-2　课程教学内容、地点、学时安排总表

序号	项目	任务	学习成果	授课地点	授课教师	学时 /实践学时
1	项目一 智慧能控触摸灯控开关系统设计	任务 1-1　智慧能控触摸灯控开关系统设计任务书	学会纯硬件电路堆积而成的智能硬件的设计方法	能上网,装有 LCEDA 软件,有万用表、焊台等工具的实训室,推荐 3302 智能终端实训室	曹振华	2
		任务 1-2　智慧能控触摸灯控开关系统设计知识强化			曹振华	6
		任务 1-3　智慧能控触摸灯控开关系统原理图设计			曹振华	4
		任务 1-4　智慧能控触摸灯控开关系统 PCB 图设计			曹振华	2
		任务 1-5　智慧能控触摸灯控开关系统用料采购			曹振华	2
		任务 1-6　智慧能控触摸灯控开关系统集成			曹振华	4
		任务 1-7　智慧能控触摸灯控开关系统验收交付			曹振华	1
		任务 1-8　行业拓展案例　智慧宿舍雨滴报警系统设计			曹振华	2
		任务 1-9　行业拓展案例　家庭小夜灯开关设计			曹振华	1

序号	项目	任务	学习成果	授课地点	授课教师	学时／实践学时
2	项目二 智慧能控远程断路器系统设计	任务 2-1　智慧能控远程断路器系统设计任务书	学会以单片机为控制中心的智能硬件设计方法，包括单片机最小系统设计、外围电路设计、基于 ARM 的程序设计等，并掌握串口调试工具等辅助软件的使用方法	能上网，装有 LCEDA 软件，有万用表、焊台等工具的实训室，推荐 3302 智能终端实训室	曹振华	1
		任务 2-2　智慧能控远程断路器系统设计知识强化			曹振华	5
		任务 2-3　智慧能控远程断路器系统原理图设计			曹振华	2
		任务 2-4　智慧能控远程断路器系统 PCB 图设计			曹振华	4
		任务 2-5　智慧能控远程断路器系统集成及维护推理			曹振华	8
		任务 2-6　智慧能控远程断路器系统程序设计			曹振华	8
		任务 2-7　智慧能控远程断路器系统验收交付			曹振华	2
		任务 2-8　行业拓展案例　基于 51 单片机的远程电控系统设计			曹振华	4
		任务 2-9　行业拓展案例　家庭智能新风控制系统设计			曹振华	2
3	项目三 智慧能控读卡计费系统设计	任务 3-1　智慧能控读卡计费系统设计任务书	掌握包含单片机系统、通信接口、高端软件等部分功能较复杂的智能硬件系统设计方法，熟悉通信协议的含义，掌握数据帧组包的意义及方法	能上网，装有 LCEDA 软件，有万用表、焊台等工具的实训室，推荐 3302 智能终端实训室	曹振华	1
		任务 3-2　智慧能控读卡计费系统设计知识强化			曹振华	3
		任务 3-3　智慧能控读卡计费系统原理图设计			曹振华	4
		任务 3-4　智慧能控读卡计费系统 PCB 图设计			曹振华	6
		任务 3-5　智慧能控读卡计费系统集成及维护推理			曹振华	2
		任务 3-6　智慧能控读卡计费系统程序设计及在线调试			曹振华	8
		任务 3-7　智慧能控读卡计费系统验收交付			曹振华	1
4	学期总结	总结 A　成果评讲			曹振华	2
		总结 B　期末答疑			曹振华	3
合计						90

附表 H-3　教学内容与教学实施安排表

项目一：智慧能控触摸灯控开关系统设计

任务 1-1：智慧能控触摸灯控开关系统设计任务书		课时：2
知识目标	技能目标	素养目标
1. 认识和理解设计任务书的意义； 2. 理解、学会设计任务书的基本要素； 3. 能通过设计任务书，理解项目中产品设计的要点； 4. 能编写一份基本合理的设计任务书	1. 能将项目设计任务按照功能点分类，并形成关键要素的描述文字内容； 2. 能根据项目要求书写设计任务书，能根据设计任务书反推任务设计要点	"做"事情从"理解"事情开始，有条理、主次分明的做事风格，是事情成功的一半
教学重点难点	1. 对任务书内容的理解； 2. 对项目需求的认识、梳理和表达； 3. 各设计要点的格式化条款编写	
教学方法	理实一体，基础讲授 + 样品展示 + 读者实践	
备注	新同学刚刚接触物联网应用技术专业，对智能硬件的了解比较浅显，需要慢慢引入	

任务 1-2：智慧能控触摸灯控开关系统设计知识强化		课时：6
知识目标	技能目标	素养目标
1. 认识电，了解电的基本参数； 2. 了解智能硬件的概念和基本组成； 3. 认识三极管的基本应用场景、原理和作用； 4. 认识触摸板的基本应用场景和作用； 5. 认识电阻的基本应用场景和作用，学习欧姆定律、电阻串并联等知识； 6. 认识一般电源芯片的应用场景、分类和作用，学习常用电源芯片的电路设计方法； 7. 了解人机交互的基本方式，认识按键的应用场景和基本作用； 8. 学习万用表的使用方法	1. 能理解电阻的基本用途，能在电路设计中使用电阻调整电流参数； 2. 能理解三极管的基本用途，并熟练掌握开关使用的基本方法，学会基本电路的设计方法； 3. 能利用欧姆定律，调整基本电阻串并联电路的参数； 4. 能掌握触摸板的信号输出用法	知其然，方知其所以然。培养读者从细处着手，理论联系实践的作风
教学重点难点	1. 电的基本参数； 2. 三极管用作开关时的基本原理和电路基础； 3. 触摸板的使用方法； 4. 电阻电路电参数调整方法及电路仿真方法； 5. 万用表的基本使用方法	
教学方法	理实一体任务驱动，基础讲授 + 电路仿真 + 动画展示	
备注	三极管主要用作放大器和开关，随着集成放大电路成本的降低，放大器作用逐渐褪色，本章重点讲述开关功能； 各个功能模块之间的电信号传递要考虑电平的兼容性，不能过电压烧坏下一级电路，也不能欠电压驱动不了下一级电路	

任务 1-3:智慧能控触摸灯控开关系统原理图设计		课时:4
知识目标	技能目标	素养目标
1. 掌握原理图设计环境的使用方法; 2. 掌握原理图基本要素的意义和用法; 3. 掌握原理图中库内元器件的查找、放置、编辑的方法; 4. 掌握原理图库外元件符号的设计和使用方法; 5. 掌握原理图库外元件封装的设计和使用方法	1. 能正确使用 EDA 软件环境; 2. 能利用库内元件进行电路仿真、原理图设计等操作; 3. 能自定义和使用元件的符号; 4. 能自定义和使用元件封装; 5. 能在原理图中标注版权、作者等信息	利用国产 EDA 软件、国产芯片,支持国产,提升读者的爱国情怀; 熟能生巧,反复练习,锻炼大国工匠精神; 理论联系实际,将理论知识应用于设计实践,将虚拟于心的知识转化为创新的智能硬件真实产品,提高智能硬件设计师的职业自豪感
教学重点难点	1. 利用库内元件进行原理图设计的基本方法; 2. 库内元件的搜索和甄别方法; 3. 自定义元件符号及使用的方法; 4. 自定义元件封装及使用的方法。 注意:元件符号的引脚两个端点是有区别的,不能放反	
教学方法	理实一体任务驱动,实践操作示范 + 实物展示 + 读者动手实践	
备注	库内元件是最常用的元件集合,要熟练掌握其使用方法,将任务中的电路,转化为原理图,锻炼读者实操能力	

任务 1-4:智慧能控触摸灯控开关系统 PCB 图设计		课时:2
知识目标	技能目标	素养目标
1. 学习原理图检查的方法; 2. 学会原理图转 PCB 的方法; 3. 理解 PCB 层的概念; 4. 学习元件布局的原则和方法,理解元件布局是有方向的,元件方向放得不合适可能会造成 PCB 不能用; 5. 学习布线的原则和方法; 6. 学习泪滴的设置方法; 7. 学习过孔的作用及使用方法; 8. 学习 PCB 外形的设置方法	1. 能检查原理图,并根据提示发现和解决问题; 2. 能将原理图转成 PCB 图纸; 3. 能手动布线、调整线的粗细等; 4. 能使用泪滴优化线路倒角; 5. 能利用过孔实现双面板电线穿梭; 6. 能设计自定义 PCB 外形	理论联系实际,设计出符合实际需求的线路板外形; 熟能生巧,反复练习,锻炼大国工匠精神
教学重点难点	1. 原理图检查方法及发现问题点的方法和思路; 2. 原理图转 PCB 图纸的方法; 3. 元件布局; 4. 布线并优化线路; 5. PCB 外形设计	
教学方法	理实一体任务驱动,实践操作示范 + 实物展示 + 读者动手实践	
备注	理解过孔与焊盘孔的区别和联系,焊盘可以当过孔用,但过孔不能当焊盘用,尽量不要混用; PCB 使用 3D 预览可以实现所见即所得的效果,在布局设计过程中,需要经常预览一下	

任务 1-5：智慧能控触摸灯控开关系统用料采购		课时：2
知识目标	技能目标	素养目标
1. 了解典型的元器件采购平台； 2. 熟悉常用元器件在采购平台的搜索方法； 3. 对比元件价格，并通过平台描述，了解元件的质量； 4. 根据元件封装，找到合适的元件的方法； 5. 理解企业采购与个人采购的异同点	能根据元器件的实际需求，采购到合适的元器件，并确保质量	买东西也是有窍门的，首先能找到合适的东西，然后要能货比三家，对比价格对比质量
教学重点难点	1. 认识元件采购平台，知道哪个适合自己； 2. 会用元件采购平台； 3. 货比三家的方法	
教学方法	理实一体任务驱动，实践操作示范 + 实物展示 + 读者动手实践	
备注	模拟采购，项目中用到的元件由学校的课程耗材经费承担，不需要读者掏腰包	

任务 1-6：智慧能控触摸灯控开关系统集成		课时：4
知识目标	技能目标	素养目标
1. 对照 PCB，温故元器件符号与封装的作用； 2. 学习 PCB 中元器件的焊接先后顺序； 3. 学习贴片元件的焊接方法及评价标准； 4. 学习插件元件的焊接方法及评价标准； 5. 焊接完毕后，对照实物理解温故元件布局规则	1. 能根据 PCB 中元件的特点，安排焊接顺序； 2. 能高质量焊接贴片元件； 3. 能高质量焊接插件元件； 4. 能进行焊接后检查，发现虚焊、短路等明显问题并维修维护； 5. 对照实物能认识常见的元件，做到熟记于心； 6. 理解焊接过程中的沾锡等环节的意义	焊接没有太多理论知识，最重要的是动手、动手、动手！熟能生巧，反复练习，锻炼大国工匠精神
教学重点难点	1. 沾锡的意义及方法； 2. 焊接一般顺序； 3. 贴片元件的焊接； 4. 插件元件的焊接； 5. 检查与维修	
教学方法	理实一体任务驱动，实践操作示范 + 实物展示 + 读者动手实践	
备注	短路和断路是 PCB 焊接过程中常见的问题，即使是 SMT 自动化焊接也会有短路和断路等异常情况发生，焊接后的检查工作非常重要，断路的危害是智能硬件工作异常或不能工作，而短路的危害就更大了，如果造成电源的短路，可能会造成芯片烧坏击穿，甚至造成火灾发生，认真对待每一个细节，才能做出高质量的智能硬件产品	

续表

任务 1-7:智慧能控触摸灯控开关系统验收交付		课时:1
知识目标	技能目标	素养目标
1. 理解验收交付的目的和意义; 2. 了解验收交付的基本流程	1. 能顺利演示智能硬件; 2. 根据设计任务书设计验收标准; 3. 顺利将智能硬件产品交付给甲方,并履行付款、开票等手续	培养待人接物的情商,与人沟通要诚实友善、不卑不亢、有礼有节; 诚实履行缴税义务,财务上要有票有据,不能走私单偷税漏税
教学重点难点	1. 智能硬件功能展示; 2. 设计验收标准; 3. 引导客户逐条款确认签字; 4. 付款、开票、违约等常识	
教学方法	理实一体任务驱动,实践操作示范 + 实物展示 + 读者动手实践	
备注	本节与设计任务书章节相呼应,有始有终	

任务 1-8:行业拓展案例　智慧宿舍雨滴报警系统设计		课时:2
知识目标	技能目标	素养目标
1. 复习理解板卡与原理图的区别; 2. 复习掌握原理图设计方法,并能将设计好的原理图转成 PCB 图纸; 3. 掌握板卡内元件布局、布线的方法; 4. 掌握智能硬件的测试方法	能根据需求,在项目一的基础上进行原理图修改,并制作 PCB,焊接集成后实现预定目标	能举一反三,活学活用
教学重点难点	1. 不带程序设计的纯硬件堆积而成的智能硬件的设计流程和基本方法; 2. 智能硬件焊接集成方法; 3. 智能硬件的维护维修方法	
教学方法	理实一体任务驱动,老师指点 + 读者动手实践	
备注	老师领进门,修行靠个人	

任务 1-9:行业拓展案例　家庭小夜灯开关设计		课时:1
知识目标	技能目标	素养目标
1. 复习理解板卡与原理图的区别; 2. 复习掌握原理图设计方法,并能将设计好的原理图转成 PCB 图纸; 3. 掌握板卡内元件布局、布线的方法; 4. 掌握智能硬件的测试方法	能根据需求,制作原理图,并制作 PCB,焊接集成后实现预定目标	触类旁通,拓展知识运用能力

教学重点难点	1. 不带程序设计的纯硬件堆积而成的智能硬件的设计流程和基本方法; 2. 智能硬件焊接集成方法; 3. 智能硬件的维护维修方法
教学方法	理实一体任务驱动,老师指点 + 读者动手实践
备注	只出题不指点,修行全靠同学们自己

项目二:智慧能控远程断路器系统设计

任务 2-1:智慧能控远程断路器系统设计任务书		课时:1
知识目标	技能目标	素养目标
1. 理解断路器的基本作用; 2. 理解远程控制的基本思路和技术路线; 3. 认识和理解设计任务书的意义; 4. 理解、学会设计任务书的基本要素; 5. 能通过设计任务书,理解项目中产品设计的要点; 6. 能编写一份基本合理的设计任务书	1. 能将项目设计任务按照功能点分类,并形成关键要素的描述文字内容; 2. 能根据项目要求书写设计任务书,能根据设计任务书反推任务设计要点; 3. 理解控制与被控制的关系,理解单片机与外部设备的关系,理解单片机输入与输出的关系	"做"事情从"理解"事情开始,有条理、主次分明的做事风格,是事情成功的一半
教学重点难点	1. 对任务书内容的理解; 2. 对项目需求的认识、梳理和表达; 3. 各设计要点的格式化条款编写	
教学方法	理实一体,基础讲授 + 样品展示 + 读者实践	
备注	作为本书的第二个项目,读者应该已经基本理解了智能硬件的基本组成和设计要素,本项目又增加了单片机控制系统的硬件设计部分、基于 ARM 的编程等相关知识点,引导读者利用课余实践先学习一下 C 语言,为后续编程打下基础	

任务 2-2:智慧能控远程断路器系统设计知识强化		课时:5
知识目标	技能目标	素养目标
1. 认识常见单片机,理解单片机在智能硬件设计中的作用; 2. 学习电容的基本原理和作用,学会设计滤波电路; 3. 掌握单片机最小系统设计方法,理解晶振、复位、烧录口、BOOT、滤波电路等元素在最小系统中的作用; 4. 理解掌握单片机I/O用途、串口、SPI 等通信接口的基本组成和常见用途,掌握输入、输出的基本电路设计方法,理解开漏与推挽的区别; 5. 认识继电器的基本原理,了解其基本应用场景和作用,掌握继电器选型的基本依据,学会继电器控制电路的设计方法; 6. 认识温度传感器,了解其封装形式、温度曲线或对照表等基本常识,学会常用温度传感器的选型依据,玻璃管温度传感器的温度采集实验电路设计方法; 7. 学习 LED 灯珠的基本参数和电路设计方法; 8. 串口通信的基本编程方法; 9. 学习串口调试工具等测试软件的使用方法	1. 能设计基于 ARM 单片机的最小系统,并理解最小系统含义; 2. 能设计单片机及电源周围的滤波电路; 3. 能设计温度传感器电路,并掌握温度采集的基本流程; 4. 能学会 LED 指示灯的电路设计方法,并掌握 LED 指示灯点亮和熄灭的基本控制逻辑; 5. 能设计 TypeC 接口的电源接口; 6. 掌握串口通信的基本参数、通信距离等知识	知其然,方知其所以然!培养读者细处着手,理论联系实践的作风
教学重点难点	1. 单片机最小系统设计方法; 2. 电源接口及滤波电路的设计方法; 3. 串口通信的基本参数,数据自回环测试方法; 4. 温度传感器电路设计及获取、计算温度值的方法; 5. LED 指示灯的设计方法及驱动逻辑; 6. 继电器的控制逻辑及电路设计方法	
教学方法	理实一体任务驱动,基础讲授 + 电路仿真 + 动画展示	
备注	本项目中引入了单片机,也称 MCU 或微控制器,使用单片机控制代替人工控制,有控制速度快、响应及时、24 小时不间断工作、重复劳动效率高、成本费用低等诸多优点,这是机器时代的发展趋势,因此一定要让读者理解单片机控制的必要性,形成设计惯性	

任务 2-3:智慧能控远程断路器系统原理图设计		课时:2
知识目标	技能目标	素养目标
1.掌握单片机控制的原理图设计方法; 2.掌握继电器电路的设计方法; 3.掌握温度传感器符号、封装及电路的设计方法; 4.掌握指示灯电路的设计方法; 5.掌握通信电路的设计方法	1.能正确使用 EDA 软件环境; 2.能利用库内元件进行电路仿真、原理图设计等操作; 3.能设计单片机最小系统原理图; 4.能设计继电器、温度传感器、通信接口等典型电路; 5.能利用单片机,实现对外围电路的控制,并能理解传感器输入信号处理方法; 6.能利用原理图设计器管理、检查原理图	熟能生巧,反复练习,锻炼大国工匠精神; 理论联系实际,将理论知识应用于设计实践,将虚拟于心的知识转化为创新的智能硬件真实产品,提高智能硬件设计师的职业自豪感
教学重点难点	1.单片机最小系统原理图设计方法; 2.电源及滤波电路的设计方法; 3.输出控制的理解和控制逻辑; 4.输入信号的处理及温度获取计算方法	
教学方法	理实一体任务驱动,实践操作示范 + 实物展示 + 读者动手实践	
备注	单片机有 3.3V 型、5V 型及宽电压型,外部设备也有各种电压等级,如何选型,如何匹配,原理图设计不好会烧坏电路板或驱动不正常	

任务 2-4:智慧能控远程断路器系统 PCB 图设计		课时:4
知识目标	技能目标	素养目标
1.学习原理图检查的方法; 2.学会原理图转 PCB 的方法; 3.理解 PCB 层的概念; 4.学习元件布局的原则和方法,理解元件布局是有方向的,元件方向放得不合适可能会造成 PCB 不能用; 5.学习布线的原则和方法; 6.学习泪滴的设计方法; 7.学习过孔的作用及使用方法; 8.能理解铺铜的作用和意义; 9.学习 PCB 外形的设计方法	1.能手动添加排针等在原理图中没有设计的封装; 2.能利用坐标、旋转角度等数值参数进行元件位置和方向的准确调整,以及元件对齐等操作; 3.能手动修改网络标号; 4.能手动添加引脚说明、版权信息等标识性文字内容; 5.能自动布线,并手动调整走线方式等; 6.能理解电容的作用并将电容布局到需要的位置; 7.能设计铺铜规则并进行电路板铺铜; 8.能设计自定义 PCB 外形	理论联系实际,设计出符合实际需求的线路板外形; 熟能生巧,反复练习,锻炼大国工匠精神

教学重点难点	1. 自动布线与手动布线； 2. 手动放置无原理图元件并标记网络标号、连线； 3. 特殊元件布局造型的实现,如圆环型指示灯组的布局造型实现； 4. 电容的布局原则； 5. 线路板常用检测点如 GND、VCC 等设置； 6. 版权、引脚说明等标识放置； 7. PCB 外形设计
教学方法	理实一体任务驱动,实践操作示范 + 实物展示 + 读者动手实践
备注	使用元件属性中的数值参数是精确设置元件位置、角度等参数的快速高效途径； 标识信息可以由文字、图片、线条等元素组成,比如 PCB 上放置作者艺术签名该如何实现

任务 2-5:智慧能控远程断路器系统集成及维护推理		课时:8
知识目标	技能目标	素养目标
1. 对照 PCB,温故元器件符号与封装的作用； 2. 学习 PCB 中元器件的焊接先后顺序； 3. 温故贴片元件、插件元件的焊接方法及评价标准； 4. 焊接完毕后,对照实物理解温故元件布局规则； 5. 理解测试程序的作用	1. 能根据 PCB 中元件的特点,安排焊接顺序； 2. 能焊接与 MAX3232 类似的引脚较为密集的贴片元件； 3. 理解助焊剂的作用,熟悉常见的助焊剂； 4. 能进行 LED 灯珠等怕烫元件的焊接,做到快、准,焊接时间长了会烫坏元件； 5. 能理解 SMT 中的钢网的作用,有能力者尝试焊接像 STM32F030C8T6 主控芯片一样引脚非常密集的贴片元件； 6. 理解并学会插件元件维修过程中的焊盘孔去除焊锡的方法； 7. 熟练使用烧录器,能将测试程序下载到芯片并运行,通过测试程序,发现焊接故障,推理故障点并进行维护维修	焊接没有太多理论知识,最重要的是动手、动手、动手! 熟能生巧,反复练习,锻炼大国工匠精神
教学重点难点	1. 沾锡的意义及方法； 2. 焊接一般顺序； 3. 贴片元件的焊接； 4. 插件元件的焊接； 5. 检查与维修； 6. 能进行程序烧录； 7. 根据测试程序运行现象,推理故障原因和故障点,进行板级维修	

教学方法	理实一体任务驱动,实践操作示范 + 实物展示 + 读者动手实践
备注	助焊剂是手动焊接引脚密集型元件的必备工具之一,当多个引脚被焊锡粘连无法分开时,需要助焊剂帮忙解决,强烈不建议同学们使用松香作为助焊剂

任务 2-6:智慧能控远程断路器系统程序设计		课时:4
知识目标	技能目标	素养目标
1. 学习 CubeMX、MDK5 等编程环境的安装及使用方法; 2. 学习 C 语言基本语法,学会 C 语言的编写、编译和下载方法,能进行简单的单步调试; 3. 学习简单测试软件的使用方法	1. 能使用 CubeMX 进行工程配置和生成; 2. 能使用 MDK5 进行简单的 C 语言编程; 3. 能理解库函数的基本命名方法并进行简单调用; 4. 能进行应用逻辑的梳理,并通过 C 语言进行算法实现; 5. 能使用串口调试工具,进行在线设备测试	程序是智能硬件的灵魂,有了程序才有了丰富多彩的智能硬件功能,好比人的大脑思维,没有了大脑思维,人也变成了行尸走肉,广大读者应该勤于思考,在思考中成就智慧人生
教学重点难点	1.CubeMX 工程配置和代码生成; 2. 基于 MDK5 的简单 C 语言编程; 3. 串口通信控制功能实现; 4. 指示灯组功能实现; 5. 定时器功能实现; 6. 中断方式下按键功能实现	
教学方法	理实一体任务驱动,操作示范 + 实物展示 + 实践指导	
备注	C 语言是面向过程的程序设计语言,是最重要的智能硬件程序设计语言,没有之一,因此同学们一定要学好这门语言,在实践中边用边学,更能体会 C 语言的作用,更能引起同学们的学习兴趣	

任务 2-7:智慧能控远程断路器系统验收交付		课时:2
知识目标	技能目标	素养目标
1. 理解验收交付的目的和意义; 2. 了解验收交付的基本流程	1. 能顺利演示智能硬件; 2. 根据设计任务书设计验收标准; 3. 顺利将智能硬件产品交付给甲方,并履行付款、开票等手续	培养待人接物的情商,与人沟通要诚实友善、不卑不亢、有礼有节; 诚实履行缴税义务,财务上要有票有据,不能走私单偷税漏税

续表

教学重点难点	1. 智能硬件功能展示； 2. 设计验收标准； 3. 引导客户逐条款确认签字； 4. 付款、开票、违约等常识
教学方法	理实一体任务驱动,实践操作示范 + 实物展示 + 读者动手实践
备注	本节与设计任务书章节相呼应,有始有终

任务 2-8:行业拓展案例　基于 51 单片机的远程电控系统设计		课时:4
知识目标	技能目标	素养目标
1. 复习掌握晶振电路的设计实现方法,并在 51 系统中使用； 2. 学会底层硬件的程序设计方法和编程思路； 3. 掌握智能硬件的测试方法	能根据需求,在项目二的基础上进行原理图修改,并制作 PCB,焊接集成后实现预定目标	能举一反三,活学活用
教学重点难点	1. 带程序设计的智能硬件的设计流程和基本方法； 2. 智能硬件焊接集成方法； 3. 底层硬件的程序设计方法和思路； 4. 智能硬件的维护维修方法	
教学方法	理实一体任务驱动,老师指点 + 读者动手实践	
备注	老师领进门,修行靠个人	

任务 2-9:行业拓展案例　家庭智能新风控制系统设计		课时:2
知识目标	技能目标	素养目标
1. 复习理解板卡与原理图的区别； 2. 复习掌握原理图设计方法,并能将设计好的原理图转成 PCB 图纸； 3. 掌握板卡内元件布局、布线的方法； 4. 掌握简单智能硬件的编程思路、方法及测试方法	能根据需求,制作原理图、制作 PCB、焊接集成并编写程序后实现预定目标	触类旁通,拓展知识运用能力

教学重点难点	1. 带程序设计的智能硬件的设计流程和基本方法； 2. 智能硬件焊接集成方法； 3. 底层硬件程序的编程思路及基本方法； 4. 智能硬件的维护维修方法
教学方法	教师只出题不指点，以读者实践为主
备注	触类旁通，将固定的知识转换成灵活多变的不同产品形态

项目三：智慧能控读卡计费系统设计

任务 3-1：智慧能控读卡计费系统设计任务书		课时：1
知识目标	技能目标	素养目标
1. 理解读卡计费系统的基本组成； 2. 认识读卡器与高端软件之间的通信方法； 3. 认识和理解设计任务书的意义； 4. 理解设计任务书的基本要素； 5. 能通过设计任务书，理解项目中产品设计的要点； 6. 能编写一份基本合理的设计任务书	1. 能将项目设计任务按照功能点分类，并形成关键要素的描述文字内容； 2. 能根据项目要求书写设计任务书，能根据设计任务书反推任务设计要点； 3. 能将系统的功能点合理划分给低端模块和高端软件，做到低端硬件尽量简化、稳定，高端软件尽量灵活、易用	"做"事情从"理解"事情开始，有条理、主次分明的做事风格，是事情成功的一半
教学重点难点	1. 对任务书内容的理解； 2. 对项目需求的认识、梳理和表达； 3. 各设计要点的格式化条款编写	
教学方法	理实一体，基础讲授 + 样品展示 + 读者实践	
备注	作为本书的第三个项目，读者应该已经比较清楚地理解了智能硬件的基本组成和设计要素，本项目又增加了高端软件的设计编程相关知识点，引导读者从大局着眼，从整体到局部的方式剖析项目组成，形成完整的设计任务书	

任务 3-2：智慧能控读卡计费系统设计知识强化		课时：3

续表

知识目标	技能目标	素养目标
1. 温故单片机最小系统设计方法，理解晶振、复位、烧录口、BOOT、滤波电路等元素在最小系统中的作用； 2. 理解单片机与外部芯片之间的通信方式，学习 SPI 接口的组成形式； 3. 认识掌握 FM1702SL 读卡器芯片基本作用、电气参数、接口形式及外围电路组成及电路设计方法，了解不同电压等级电路之间通信时的注意事项； 4. 学习 FM1702SL 芯片的工作过程，读卡的基本步骤； 5. 理解智能硬件系统中高端编程和低端编程的区别； 6. 复习 C 语言基本语法，预习 C# 语言基本语法及编程环境	1. 能利用已有单片机最小系统，扩展驱动其他外部设备； 2. 能根据芯片技术文档，设计 FM1702SL 读卡器外围电路，理解外围电路中各个部分的作用； 3. 能阅读芯片技术资料，能在各大技术论坛或网站上搜集并查阅相关技术资料，理解 IC 卡读卡的基本流程； 4.C# 编程入门	知其然，方知其所以然！培养读者细处着手，理论联系实践的作风
教学重点难点	1.SPI 接口设计方法； 2.FM1702SL 外围电路设计及参数调整方法； 3.FM1702SL 读取 IC 卡的步骤； 4.C# 编程入门	
教学方法	理实一体任务驱动，基础讲授 + 实操展示	
备注	本项目中引入了高端软件编程语言 C#，读者没有相关编程基础，因此需要课后先自学，先把编译环境安装起来，自觉借阅相关书籍进行入门自学，为后续编程打下基础	

任务 3-3：智慧能控读卡计费系统原理图设计		课时：4
知识目标	技能目标	素养目标
1. 温故单片机控制的原理图设计方法； 2. 掌握 FM1702SL 外围电路设计方法； 3. 掌握天线线圈的设计方法； 4. 掌握模块对外接口的设计方法	1. 能正确使用 EDA 软件环境； 2. 能设计 FM1702SL 外围电路原理图； 3. 能设计天线线圈； 4. 能设计模块对外接口电路； 5. 能利用原理图设计器管理、检查原理图	熟能生巧，反复练习，锻炼大国工匠精神； 理论联系实际，将理论知识应用于设计实践，将虚拟于心的知识转化为创新的智能硬件真实产品，提高智能硬件设计师的职业自豪感
教学重点难点	1.FM1702SL 外围电路原理图设计方法； 2.FM1702SL 外围电路的参数调整方法； 3. 模块对外接口的设计方法	

续表

教学方法	理实一体任务驱动,实践操作示范 + 实物展示 + 读者动手实践
备注	线圈即是一个电感,通过线圈可以将一部分电能以一定的形式发射到线圈周围,IC 卡内也有一个线圈,卡内线圈通过捕获读卡器线圈发射的能量和波形信号,实现卡内电路的供电及与读卡器的通信

任务 3-4:智慧能控读卡计费系统 PCB 图设计		课时:6
知识目标	技能目标	素养目标
1.学习原理图检查的方法; 2.学习 FM1702SL 读卡器芯片的封装制作方法; 3.理解 PCB 中铺铜的作用,哪些部分需要铺铜,哪些地方不可铺铜; 4.学习元件布局的原则和方法,理解元件布局是有方向的,元件方向放得不合适可能会造成 PCB 不能用; 5.学习 PCB 天线的画法; 6.学习天线圆弧倒角的作用及制作方法; 7.学习天线正反面配合设计,中心接地点的测算; 8.学习 PCB 外形的设计方法	1.能根据需要,设计线路板外形,比如图书定位的长条状设计、桌面读卡器天线的方形设计等; 2.能根据天线信号的流向,合理布局电容、电感、电阻的位置,确保信号流畅; 3.能手动设计读卡天线线路; 4.能手动添加引脚说明、版权信息等标识性文字内容; 5.进行局部铺铜; 6.能设计晶振电路,确保晶振、电容、电阻关键元件靠近功能引脚; 7.能设计自定义 PCB 外形	理论联系实际,设计出符合实际需求的线路板外形; 熟能生巧,反复练习,锻炼大国工匠精神
教学重点难点	1.手动布直线、弧线的方法; 2.手动制作读卡天线线圈的方法,长度、匝数的设计方法等; 3.电容、电感、线圈长度的对称设计; 4.版权、引脚说明等标识放置; 5.PCB 外形设计	
教学方法	理实一体任务驱动,实践操作示范 + 实物展示 + 读者动手实践	
备注	铺铜、泪滴是如何优化信号质量的,把电子在线路中的移动比作砂浆在水渠中的流动,可以更好地理解线路优化的必要性; 有能力的同学要多查阅一些电阻、电磁、电感等方面的知识,了解电与磁之间的转化原理、电与热的转化、电与涡流、电与电容、电与电感的关系,有了这些知识,能更好地理解 PCB 设计过程中的线路优化意义	

任务 3-5:智慧能控读卡计费系统集成及维护推理		课时:2

续表

知识目标	技能目标	素养目标
1. 对照 PCB,温故焊盘孔与过孔的异同; 2. 温故贴片元件、插件元件的焊接方法及评价标准; 3. 焊接完毕后,对照实物理解温故元件布局规则; 4. 使用老师给的测试程序,检测线路板是否正常,如果异常,进行错误推理	1. 能根据 PCB 中元件的特点,安排焊接顺序; 2. 借助助焊剂等工具,能焊接 FM1702SL; 3. 温故其他焊接方法; 4. 能使用测试程序进行线路板故障推理	熟能生巧,反复练习,锻炼大国工匠精神; 理论联系实际,实际反映理论; 使用测试工具进行测试,从表层现象推理故障原理,从而定位故障点,任何故障都符合科学原理
教学重点难点	1.FM1702SL 焊接; 2. 检查与维修	
教学方法	理实一体任务驱动,实践操作示范 + 实物展示 + 读者动手实践	
备注	本节相对比较简单,焊接要领和方法在项目一和项目二中已经学过,本节课可以作为焊接复习课	

任务 3-6:智慧能控读卡计费系统程序设计及在线调试		课时:8
知识目标	技能目标	素养目标
1. 温故 CubeMX、MDK5 等编程环境的安装及使用方法; 2. 学习 C# 语言基本语法,熟悉 VS 环境下基于 C# 的软件设计方法;学会 C# 语言的编写、编译和执行方法,能进行简单的单步调试	1. 能使用 CubeMX 进行工程配置和生成; 2. 能使用 MDK5 进行简单的 C 语言编程; 3. 能进行应用逻辑的梳理,并通过 C 语言进行算法实现底层硬件功能; 4. 能使用 C# 语言,并在 VS 环境下开发基于 C# 的应用程序	程序是智能硬件的灵魂,有了程序才有了丰富多彩的智能硬件功能,好比人的大脑思维,没有了大脑思维,人也变成了行尸走肉,广大读者应该勤于思考,在思考中成就智慧人生
教学重点难点	1.CubeMX 工程配置和代码生成; 2. 基于 MDK5 的简单 C 语言编程; 3. 基于 MDK5 的串口通信控制功能 C 语言实现; 4. 基于 MDK5 的指示灯组功能 C 语言实现; 5. 基于 MDK5 的定时器功能 C 语言实现; 6. 基于 MDK5 的中断方式下按键功能 C 语言实现; 7.VS 环境下 C# 软件界面设计实现; 8.VS 环境下 C# 串口通信功能实现; 9.VS 环境下 C# 功能代码实现	
教学方法	理实一体任务驱动,实践操作示范 + 实物展示 + 读者动手实践	

续表

备注	C# 语言是面向对象的高级程序设计语言,是最重要的高端软件设计语言之一,因此同学们要学好这门语言,只有同时学会高、低端编程语言,才能实现具备较全面功能的智能硬件的所需功能,同学们也可以学习基于 C# 和 HTML 的移动应用开发,以及云端服务程序的开发技术,逐步丰富自己的开发技能

任务 3-7:智慧能控读卡计费系统验收交付		课时:1
知识目标	技能目标	素养目标
1. 理解验收交付的目的和意义; 2. 了解验收交付的基本流程	1. 能顺利演示智能硬件; 2. 根据设计任务书设计验收标准; 3. 顺利将智能硬件产品交付给甲方,并履行付款、开票等手续	培养待人接物的情商,与人沟通,要诚实友善、不卑不亢、有礼有节; 诚实履行缴税义务,财务上要有票有据,不能走私单偷税漏税
教学重点难点	1. 智能硬件功能展示; 2. 设计验收标准; 3. 引导客户逐条款确认签字; 4. 付款、开票、违约等常识	
教学方法	理实一体任务驱动,实践操作示范 + 实物展示 + 读者动手实践	
备注	本节与设计任务书章节相呼应,有始有终	

学期总结

总结 A:成果评讲		课时:2
知识目标	技能目标	素养目标
1. 展示优秀设计作品; 2. 总结常见设计问题; 3. 勉励读者继续努力		向善向好; 用心设计,方出精品
教学重点难点	表扬好的设计作品,总结设计不足之处	
教学方法	以讲授为主	
备注		

续表

总结 B:期末答疑		课时:3
知识目标	技能目标	素养目标
复习巩固本课程学到的知识	能学会基本电路设计,能做印刷电路板卡,进行板级维修,并能进行智能硬件的焊接、调试及交付工作	培养积极学习的兴趣;培养敢于动手实践的工匠精神;培养勇于创新的探索精神
教学重点难点	基本电路设计、电路原理图、印刷电路板卡的制作方法,智能硬件的焊接、调试及交付工作	
教学方法	理实一体任务驱动,成果点评 + 实践操作示范	
备注	课程马上结束,以激励为主,以提高开发兴趣为主,激发读者进一步学习的积极性,提升读者的专业认可度	

◆　H-5　课程教学方法

教学过程中,教师主要采用理实一体任务驱动、项目化教学方式,将课程内容具体体现到子项目中,项目化教学过程中采用演示教学法、案例教学法、任务驱动法及启发式教学等手段,激发读者学习兴趣和动力;同时,引导读者采用小组讨论法、头脑风暴法及团队合作法等方式,完成学习任务。教学组织实施实现"讲、练、评"一体,教学考核以"成果导向"为主,不设置书面考试,设计目标即为考卷,设计成果即为答卷。

◆　H-6　课程教学团队

教学团队成员包括物联网应用技术专业任课老师和智慧校园服务中心的一线工程师团队。物联网应用技术专业目前共有 7 名教师,其中包括 5 名博士、1 名硕士、1 名学士,副教授及以上职称 2 名,师资力量雄厚。物联网应用技术专业内擅长底层硬件开发的老师及企业一线技术人员组成课程组教学团队,保证教学团队成员有实际智能硬件开发经验,并能将实际开发素材或项目应用到教学环节中,丰富教学素材内容。附表 H-4 所示为课程组成员。

附表 H-4　课程组成员

序号	姓名	角色	教学任务
1	曹振华	课程负责人、物联网应用技术专业教研室主任	课程讲授实操指导评估反馈教材编写
2	方武	信息技术学院副院长	
3	李文娟	博士、专任教师	
4	李慧姝	博士、专任教师	
5	杨佳奇	博士、专任教师	
6	郭继伟	苏州某外企研发中心主任	实践指导
7	盖之华	智慧校园服务中心开发科科长	素材支持

◆　H-7　课程教学条件

教学条件包含两方面的内容：一是固定的设备和耗材，包括电脑、万用表、电烙铁、热风枪、焊锡丝、焊台、镊子、斜口钳等必要工具；二是可变耗材，印刷电路板卡加工费不能预支，不能通过统一采购耗材的方式购买，在实践环节设计完板卡图纸后才能计算出详细价格并支付，此部分费用主编会与立创 EDA 相关人员联系，尽量降低同学们的学习成本，争取能让同学们免费制作加工 PCB。具体耗材情况如附表 H-5 所示。

附表 H-5　课程耗材表

序号	耗材名称	耗材数量	备注
1	万用表	30 台 / 共约 2700 元	台、套 / 人，可重复使用或用量少有存量后不再购买
2	热风枪焊台二合一 878D	30 台 / 共约 6600 元	
3	镊子、斜口钳	30 套 / 共约 300 元	
4	隔热防静电垫	30 片 / 共约 750 元	
5	2.54mm40pin 单排针 180°	1 包(200 条)/ 共约 30 元	
6	6×6×5mm 直插四脚按键	1 包 1000 个 / 约 20 元	
7	NTC 玻封热敏电阻 MF58-L12 10k 2% 玻封热敏电阻	1 包 500 个 /30 元	
8	0805 高亮红色 LED	1 盘 /60 元	
9	1k 电阻、10k 电阻、S8050 三极管、10nF、100nF 电容	各 1 盘 / 共约 150 元	
10	ST-LINK V2 仿真器编程器	30 个 / 共约 600 元	
11	USB 转串口线	30 根 / 共约 600 元	
12	STM32F103C8T6	90 片 / 共约 200 元	1 片、个 / 人，易耗品
13	AMS1117	90 片 / 共约 200 元	
14	FM1702SL	90 片 / 共约 900 元	
15	DB9 串口弯脚母座	90 个 / 共约 60 元	
16	MAX3232	90 片 / 共约 360 元	
17	40p 彩色母对母杜邦线 20 cm	90 排 ×40p/ 约 100 元	
18	5V 继电器	90 个 / 共约 200 元	
19	100g、0.8mm 友邦牌焊锡丝	30 卷 / 共约 750 元	

◆　H-8　课程考核

考核是课程收尾的重要形式之一，是检验教学成果的重要手段，本课程知识面广，实践性较强，所列知识点不要求读者死记硬背，能利用网络、教材等载体查阅到所需内容并能灵活应用即可，因此本课程的考核以成果考核和过程考核为主，需提交考核成果，并给出过程考核成绩,即平时成绩,平时成绩主要考察读者的学习积极性、实践热情及课堂表现等。课程考核表如附表 H-6 所示。

附表 H-6　课程考核表

序号	评价内容(3 个项目)	考核方式	占比
1	项目一	原理图 +PCB 图纸或报告	20%
2	项目二	PCB 图纸或实物	40%
3	项目三	PCB 图纸、实物或报告	25%
4	平时表现	出勤及其他	15%
5	合计		100%

参考文献

REFERENCES

[1] 钟世达. 电路设计与制作快速入门 [M]. 北京:电子工业出版社,2022.

[2] 立创 EDA 在线教程: https://docs.lceda.cn/cn/Introduction/Introduction–to–LCEDA/index.html.

[3] 唐浒,韦然. 电路设计与制作实用教程——基于立创 EDA [M]. 北京:电子工业出版社,2019.

[4] 李胜铭,王贞炎,等.全国大学生电子设计竞赛备赛指南与案例分析——基于立创EDA[M]. 北京:电子工业出版社,2021.

[5] 屈微,王志良. STM32 单片机应用基础与项目实践 – 微课版 [M]. 北京:清华大学出版社,2019.